氾勝之書輯釋

陳旉農書校注

萬國鼎 整理

中華書局

圖書在版編目(CIP)數據

氾勝之書輯釋;陳旉農書校注/萬國鼎整理. —北京:中華書局,2024.9. —ISBN 978-7-101-16765-8

Ⅰ.S-092.2

中國國家版本館 CIP 數據核字第 20245YA835 號

封面題簽:李天飛
責任編輯:劉　明
文字編輯:汪　煜
裝幀設計:周　玉
責任印製:陳麗娜

氾勝之書輯釋　陳旉農書校注

萬國鼎 整理

*

中 華 書 局 出 版 發 行
(北京市豐臺區太平橋西里 38 號　100073)
http://www.zhbc.com.cn
E-mail:zhbc@zhbc.com.cn
三河市中晟雅豪印務有限公司印刷

*

850×1168 毫米 1/32 · 8 印張 · 3 插頁 · 138 千字
2024 年 9 月第 1 版　2024 年 9 月第 1 次印刷
印數:1-3000 册　定價:48.00 元

ISBN 978-7-101-16765-8

萬國鼎先生

（1897 年 12 月 26 日—1963 年 11 月 15 日）

出版説明

萬國鼎（一八九七—一九六三），字孟周，江蘇武進人，我國著名的農史學家，中國農史學科的主要創始人之一。一九二〇年畢業於金陵大學。一九五四年起在南京農學院（今南京農業大學前身）任教，後創辦中國農業遺産研究室。萬國鼎先生一生致力於中國農業古籍的整理與中國農業歷史的研究，主要成果有中國田制史、中國農學史（主編）、氾勝之書輯釋、陳旉農書校注等。

氾勝之書是西漢時人氾勝之撰寫的一部關於漢代黄河流域農業生産經驗以及操作技術的農書。氾勝之，生卒年不詳，漢成帝時曾爲議郎，他曾參與農事生産，有豐富的農業生産經驗。他將這些經驗總結爲氾勝之十八篇，後人稱之爲氾勝之書。氾書在隋唐間仍有流傳，約略亡佚於宋代，到清代始有輯本。萬國鼎先生曾對氾書進行了重新整理。他依據齊民要術等書，重新鈎輯氾書殘文，並利用太平御覽等書對這些殘文加以校訂，此外還對這些殘文進行注釋、翻譯、辨析，形成了一個精當、完備的新輯本。一九五七年二月，中華書局出版了萬國鼎先生整理的氾勝之書輯釋，隨後在一九六三年五月、一九八〇年十二月，由農業出版社先後推出此書的新一版與新二版。

陳旉農書是宋人陳旉撰寫的一部關於宋代長江流域農業生産經驗以及操作技術的農書。陳旉，宋熙寧九年（一〇七六）生，卒年不詳，曾在今江蘇揚州一帶生活。他常年參與農業生産經營活動，積累了豐富的農業知識與實地經驗。在其七十四歲之前，完成了三卷本的農書，後人稱之爲陳旉農書。萬國鼎先生曾對此書進行了包括校勘、注釋以及翻譯在内的整理工作。遺憾的是，這部初名陳旉農書校釋的整理稿尚未完成，萬國鼎先生便過世了。在萬國鼎先生身後，農業出版社曾對這部遺稿作了一定的加工，删去了譯文，改名爲陳旉農書校注，並於一九六五年七月出版。

萬國鼎先生的這兩部著作自出版後久未重印，爲滿足學界需要，我局決定再版。此次出版，氾勝之書輯釋，依據農業出版社一九八〇年十二月版進行重排；陳旉農書校注，依據農業出版社一九六五年七月版進行重排。兩書均重新校對底本，核查引文，改正了其中若干排印錯誤。需要説明的是，二書成書時代較早，行文中出現的行政區劃以及表述方式或與當下不同，此類尊重歷史原貌，予以保留。限於水平，書中恐仍有未盡之處，敬祈讀者批評指正。

中華書局編輯部

二〇二三年十月

目録

氾勝之書輯釋

附圖目録

附表目録

陳旉農書校注

氾勝之書輯釋

〔漢〕氾勝之 撰
萬國鼎 輯釋

氾勝之書輯釋序

氾勝之是我國古代傑出的農學家之一。漢成帝（公元前三二—七）時做議郎〔一〕，曾經在今陝西省關中平原地區〔二〕教導農業，獲得豐收〔三〕。他的原籍大概在今山東省曹縣北面〔四〕。可惜漢書裏没有他的傳〔五〕。他的聞名後世，主要依靠他的著作氾勝之書。

氾勝之書是後世的通稱，漢書藝文志農家稱作氾勝之十八篇。這書在漢朝就有崇高的聲譽。例如周禮地官草人鄭玄注：「土化之法，化之使美，若氾勝之術也。」又禮記月令孟春之月「草木萌動」，鄭玄注：「農書曰，土長冒橛，陳根可拔，耕者急發。」孔穎達正義説：「鄭所引農書，先師以爲氾勝之書也。」〔六〕後漢經師注經，就一再引用氾勝之書，所以唐賈公彦周禮疏説：「漢時農書有數家，氾勝爲上。」這書的確可以説是整個漢朝四百多年間最傑出的農書。

可惜原書没有流傳到現在。隋書及舊、新唐書經籍志、藝文志都著録氾勝之書二卷。到了宋朝，只一見于鄭樵通志，其他書目中已不見〔七〕，大概就在南、北宋之間失傳了。幸而由于北宋以前的古書很有引用此書的，才保存了氾勝之書原文的一部分；把這些散見在各書的輯集起來，大約將近三千七百字〔八〕。

我們現在雖然看不到氾勝之十八篇的全文，能够看到的只是其中的一小部分，但是這一小部分的内容仍是豐富的，包含不少寶貴經驗，而且技術水平已經相當高。其中最突出的是區田法和溲種法，其次如耕田法、種麥法、種瓜法、種瓠法，都充分表現出高度的先進經驗。此外如穗選法、稻田用控制水流以調節水温的方法、桑苗截幹法等，也很突出地標誌着農業技術的進步。其中唯一的重要缺點是夾雜着陰陽五行的迷信説法。

氾氏所以能够在兩千年前寫出這樣輝煌的著作，不是偶然的。他曾負責在關中平原教導農業，因此有機會取得實地的體會與心得。但是最重要的是那時農民的技術水平已經相當高。

春秋戰國時代，特别是戰國時代，是我國歷史上一個劇變而進步較快的時代。就農業方面説，鐵犂和畜耕的使用，肥料的重視，大規模灌溉工程的興建，都標誌着農業技術上的巨大進步。當時也出現了專門的農書〔九〕。秦併六國到秦末楚漢間的一連串的戰争，曾經破壞農業。西漢全國統一後，由於階級矛盾較爲緩和，接着六七十年的休養生息，農業生産得到了迅速恢復與發展。統一局面促成國内商業的發達和地主官僚的奢侈，也對農産的數量和質量提出進一步的要求，因此安邑千樹棗，燕秦千樹栗，蜀漢江陵千樹橘，都會附郭千畦薑韭的收入，可以和千户侯相等〔一〇〕，而且蔬菜會發展到用温室促成栽培〔一一〕。雖則漢武帝劉徹爲了對外戰争，加重農民負擔，但是因爲希望農業增産，興修水利，設置教導農業的官吏，因此有趙過的教田三輔和創製與推廣新式農具〔一二〕，對農業也起了一定的推動作用。其後氾勝之也做過這種農官〔一三〕。西漢的農業生産水平，事實上確有提高〔一四〕。農業生産水平的提高，不能説不是農民生産技術進步的結果。氾氏生當西漢季年，他的氾勝之書就是在這樣的基礎上總結農民經驗而寫成的。同時氾書所以夾雜着一些迷信説法，也是受了當時迷信陰陽五行的讖緯之學正在盛行的影響。

戰國時代的農書早已失傳，到如今只保存了一些鱗爪。漢朝農書，除氾書外，只有崔寔的四民月令還保存了一些，但是作爲一種農書，它的内容的完整性與深入性，遠不及氾勝之書。氾書可以説是一部總結二千年前祖國農業的偉大著作。在氾書之後，要再過五百多年，我們才能看到又一部總結性的偉大農業著作——賈思勰的齊民要術。因此，我們必須珍視氾勝之書，把散見在各種古書上的氾書原文輯集起來，加以彙校、注釋和討論，進行較深入的考證與研究。

十九世紀前半期，出現了氾勝之書的三種輯佚本。

第一種是洪頤煊輯集的氾勝之書二卷，編爲經典集林中的一種，一八一一年收刊在問經堂叢書裏，但是問經堂叢書先後刊本的內容不同，大多數没有這一輯佚本。一九二六年陳乃乾據問經堂本經典集林影印，但是現在這種影印本也不多見了。洪氏輯佚本是三種輯本中比較精審的一種。

第二種是宋葆淳在一八一九年輯集的漢氾勝之遺書，不分卷。有四種版本：⑴昭代叢書本，⑵鄦齋叢書本，⑶區種五種原刊本，⑷一九一七年浙江農校石印區種五種本。這是三種輯本中最不好的一種。例如開頭第一條輯自齊民要術，中間就有節删，以致無法計算區田的播種密度，甚至失去原意；另一方面，又有重複列出的，編排雜亂。除輯録氾書原文外，並附載後人討論區田法的文字，嚴格説來，這書實際不是一種輯佚本。

第三種是馬國翰輯集的氾勝之書二卷，編刊在他的玉函山房輯佚書裏。自序没有注明年份。他是道光壬辰（一八三二年）進士，做過縣令，年老回鄉，專心於編寫工作。所以這一氾書輯佚本大概編成於十九世紀前半期之末。據説他的輯佚書原是隨編隨刊的，流傳很少；現在一般所見的是一八七四年重刊本和一八八三年補刻本。此外還有清末農學叢書石印本。這一馬氏輯本在當時也是比較好的；但是它勉强湊成十八篇，實非氾書的本來面目。

這些輯佚資料的來源，主要出自齊民要術。十九世紀前半期的齊民要術通行本，頗有錯字脱文，因此這些輯佚本也跟着錯了。

最近西北農學院石聲漢教授在百忙中擠出時間來寫成他的氾勝之書今釋，目前正在印刷中。石先生這書，無論在作爲依據的要術版本上、文字考訂上和内容的注釋分析上，都遠遠超過上述三種輯本。這是第一次利用現代科學知識來整理氾勝之書，寫出不少前人所未有的創見。雖則在内容細節上，石先生的意見和我有很多不同的地方，但是承他把油印初稿給我看，給我不少啓發，對我極有幫助。

我也是想用現代科學方法來整理氾勝之書的。而且石先生和我都是因爲校釋齊民要術而順便進行氾書的整理工作的。由於我們兩人的意見有很多不同，而又兩地遠隔，不容易共同討論統一起來，所以只好忽忙地各寫各的，趕着付印，以應急需。

這本氾勝之書輯釋的編寫體例，主要是這樣的：大體上依照齊民要術所載的段落，把全書分爲十八節。文字主要依據齊民要術，但是儘可能地作了廣泛而徹底的彙校，作了必要的校正與可能的補充。如果要術的各種版本和其他古書所載相同，但是經過謹慎考證或核算後，證明是錯誤的，也作了改正。這一切詳敘在校勘記裏。注釋注重農業上的問題和不易查考的字句，在一般字書上容易查到的單字音義則從略。此外還整節地把原文譯成現代口語。最後逐節就其中比較重要或突出的問題，加以討論，討論内容主要爲闡發、説明、考證與批判。編寫體例的細節，另詳凡例。

在彙校過程中，可以看到：⑴齊民要術的引文比較完整而正確，其他各書所引，往往錯誤很多。例如太平御覽常有數條同引一事，而各條文字詳略不一，錯字脱文互異，可見御覽往往任意節録或另寫，很少是氾書原文的本來面目。⑵有時太平御覽等的引文，比要術所引的同一段文字多了一些要點，可見要術的引文也有節删，並非全照氾書原文一字没有改動的。⑶在要術的引文中，也有兩段同説一事的，文字大體類似而細節不同（例如溲種法中的兩段），特别是同指一事而用語不同（例如種麥法中的兩段，一作「棘柴耬之」，一作「棘柴律之」），似乎一個人在同一著作中的手筆不應有此現象。也許有兩種可能：一是氾勝之十八篇原是先後所寫的雖有相互關係而仍各自獨立的論文，不像一部體系完整的著作中的十八章；一是可能有後人的改動或攙雜，而且在輾轉傳抄中也難免有錯誤。⑷有少數冠以「氾勝之曰」或「氾勝之術曰」的引文，是不是氾勝之十八篇中的文字，可能有問題。因此，總的看來，我們現在説氾書「原文」，只能是大體如此，並非一字不改的原文，甚至還間有後人的少量攙雜。

這本氾勝之書輯釋，是我們從事較廣泛而深入地整理祖國古典農業著作的第一次嘗試，又是在怱忙中寫成的，難免有錯誤和欠妥的地方，請同志們指教。

這本輯釋的編寫，除感謝石聲漢先生的氾勝之書今釋初稿給我幫助外，還必須特别感謝鄒樹文老師和朱培仁先生，他們都審閲了每節初稿，提出很多寶貴意見。並且感謝陳恩鳳先生，我對「壚土」和「和氣」所作解釋，以及怎樣抓緊時間耕壚土，都得到他的指教。此外，氾書的輯佚和初步彙校工作，是我們中國農業遺産研究室中葉静淵先生做的，她還和研究室中胡錫文先生、劉毓瑔先生、章楷先生等審閲了部分初稿，提出不少修正意見。可惜他們最近都在趕做自己擔負的緊急任務，没有時間多審閲些。最近李長年先生來到研究室，一到就晝夜忙着幫助編輯中國農學遺産選集，但是也抽出時間來幫助我查考了一些疑難問題。這本輯釋的寫成，是和他們的幫助分不開的。

萬國鼎

一九五六年八月二十三日於南京

【注釋】

〔一〕漢書藝文志注：「成帝時爲議郎。師古曰，劉向别録云，使教田三輔，有好田者師之。徙爲御史。氾音凡，又音敷劍反。」

〔二〕三輔指京兆尹、左馮翊、右扶風，三輔轄地包括整個關中平原地區，是西漢首都所在地及其附近。

〔三〕晋書食貨志：「昔漢遣輕車使者氾勝之督三輔種麥，而關中遂穰。」

〔四〕廣韻：氾「又姓，出燉煌濟北二望。皇甫謐云，本姓凡氏，遭秦亂，避地於氾水，因改焉。漢有氾勝之。……子輯爲燉煌太守，子孫因家焉。」氾水是濟水的支流，在山東曹縣北四十里，和定陶縣分界。

〔五〕除以上所説關於氾勝之事蹟的資料外，還有文選注引王隱晋書説：「氾勝之敦睦九族。」

〔六〕事實上的確如此，參看本書第一節。

〔七〕宋朝的崇文總目、郡齋讀書志、直齋書録解題等都没有提到氾勝之書。

〔八〕根據本書所輯集的氾書原文計算，共計三六九六字，但其中可能有少量的後人攙雜。每節的原文字數如下：

（一）四四八，（二）一五七，（三）三四五，（四）五二〇，（五）一七〇，（六）七七，（七）三五一，

(八)七五,(九)五五,(一〇)二七五,(一一)九五,(一二)六七,(一三)一二八,(一四)一四七,(一五)四二八,(一六)一四一,(一七)一一〇,(一八)一〇七。

〔九〕漢書藝文志農家載有神農二十篇、野老十七篇,都説是戰國時代人寫的。又史稱秦始皇燒書,没有燒醫藥、卜筮、種樹的書。

〔一〇〕見史記貨殖傳。

〔一一〕見漢書召信臣傳。召信臣是公元前一世紀人。

〔一二〕見漢書食貨志。

〔一三〕氾氏教田三輔,約後於趙過六十年。

〔一四〕據陳恒力先生的前漢農業生産水平推測,一九五六年七月在中國自然科學史第一次科學討論會上宣讀。

凡例

一 本書大體上按照齊民要術所載的段落和次序分節，只作了一些小的調整。區田法和溲種法是氾書中最突出的兩點，所以特别提出作爲專節。作物都每種各自成節，因此也把稗提出作爲專節。加上雜項，共分十八節。分節的目的在使眉目比較清楚，而且容易查閲。

二 每節都包含五個部分：(1)氾勝之書原文，(2)校勘記，(3)注釋，(4)譯文，(5)討論，都用各别的字體和〔一〕、〔二〕、〔三〕……等（校勘）或①、②、③……等（注釋）標記，依次分開排列，以清眉目。

三 氾書原文是經過仔細的彙校、考訂或核算後改正了的。改正前的誤字和所以要改正的理由，都詳叙在校勘記裏，以便閲者可以追根和覆核。有時雖然認爲有錯誤，但是不能證明應當怎樣改正，就讓原文仍舊不改，只在校勘記中提出懷疑的意見。

四 我們採用下列各書進行輯佚和彙校：

齊民要術（簡稱要術），後魏賈思勰撰（六世紀三十年代），主要根據下列四種版本：

(1)北宋崇文院刻本(簡稱院刻)，據楊守敬舊藏影抄本和羅振玉影印本吉石盦叢書本。

(2)日本影印金澤文庫舊抄北宋崇文本(簡稱金抄)。

(3)商務四部叢刊影印明抄南宋本(簡稱明抄)。

(4)校宋本，據陸心源羣書校補本及傳抄黄蕘圃校宋本。

禮記月令鄭玄注(三世紀初)，商務四部叢刊影印宋刊本。

周禮地官鄭玄注(三世紀初)，商務四部叢刊影印明翻宋岳氏相台本。

國語周語韋昭注(三世紀)，商務四部叢刊影印明嘉靖戊子(一五二八年)金李校刊本。

北堂書鈔(簡稱書鈔)，隋虞世南撰(六世紀末到七世紀初)，光緒戊子(一八八八年)孔廣陶校刊本。

藝文類聚(簡稱類聚)，唐歐陽詢撰(六二四年)，明嘉靖戊子(一五二八年)覆宋刊本。

文選李善注(六五八年)，清嘉慶十四年(一八〇九年)胡克家覆宋淳熙刊本。

後漢書注，唐李賢等注（七世紀中葉），商務百衲本二十四史影印南宋紹興刻本。
初學記，唐徐堅撰（七二五年），明萬曆丁亥（一五八七年）徐守銘校刊本。
太平御覽（簡稱御覽），宋李昉等撰（九八三年），根據商務四部叢刊影印宋慶元五年（一一九九年）蜀刻本，參校清嘉慶十七年（一八一二年）鮑崇城刻本。
事類賦，宋吴淑撰（淳化中，九九一—一〇〇六年），明嘉靖壬辰（一五三二年）無錫縣學崇正書院刊本。
證類本草，宋唐慎微撰（十一世紀後期），商務四部叢刊影印金泰和甲子（一二〇四年）刊本。
路史，宋羅泌撰（一一七〇年），明季吴弘基刊本。
爾雅翼，宋羅願撰（一一七四年），明正德刊本。

五

彙校以要術爲主，用其他各書參校；因爲要術的引文比較完整，錯字脱文也較少。凡要術引文有錯誤或遺漏，根據其他各書改正或補充的，都在校勘記中説明。凡其他各書的有關引文，全部列舉在校勘記中，但因御覽等書錯字很多，且多改動，所以不再一一指出其錯誤，只列出以供參考。我們曾努力把可能找到的有關資料儘量列舉無遺。

六　要術根據上述四種善本。校勘記中所説各本，一般指這四種版本。如果其中某一種版本有錯字，都在校勘記中説明。其他版本的錯誤，概不列出；只在這些善本中遇有講不通的字，而其他版本的修改似乎較好的，據改後，始在校勘記中説明。

七　十九世紀的三種氾書輯佚本：宋葆淳輯本錯誤很多；洪頤煊和馬國翰的兩種輯本雖較好，但是他們所根據的都是那時的要術通行本，頗有錯字脱文，輯本自然也跟着錯了。它們的異同或錯誤，不值得在這裏列舉，因此在校勘中没有列出。

八　石聲漢教授的氾勝之書今釋，我所見的是油印初稿，大概定稿還有改動。所以這裏只是偶而引用討論。本書所引石先生的主張或語句，凡是没有注明出處的，都出於今釋初稿。

九　「注釋」注重農業上的問題和不容易查考的字句。特别注意説明我們爲什麽在這裏作這樣解釋。凡普通字書上容易查到的單字音義則從略；好在全文都用現代語譯出來了。

一〇　「譯文」是意譯，没有採取字對字的死板的譯法。每節在原文載完後，才接排譯文的全文，以便閲者較易看到每一節的整體。

一一　「討論」的内容包括闡發、説明、考證和批判。詳言之，就是：辨明氾書的原意，較清楚地了解其内容，指出其中要點及其科學根據，考核氾氏所提目標或所作解釋的正確性，提出應加或尚須考慮或試驗的問題，批判其中不合理的説法。目的在試圖較全面地、深入地、正確地了解氾書，以便同志們的利用、參考和進行進一步的研究。

一二　在「討論」中，我們編製了一些圖表，目的在幫助説明問題。

氾勝之書輯釋

一、耕田〔一〕

凡耕之本，在於趣時和土①，務糞澤，早鋤早穫。

春凍解，地氣②始通，土一和解③。夏至，天氣始暑，陰氣④始盛，土復解。夏至後九十日，晝夜分，天地氣和。以此時耕田，一而當五，名曰膏澤⑤，皆得時功。

春地氣通，可耕堅硬强地黑壚土⑥，輒平摩其塊〔二〕以生草，草生復耕之，天有小雨復耕和之，勿令有塊以待時。所謂强土而弱之⑦也。

春候地氣始通：椓橛木長尺二寸，埋尺，見其二寸；立春後，土塊散，上没橛⑧，陳根可拔〔三〕⑨。此時二十日以後，和氣⑩去，即土剛。以時耕，一而當四。和氣去耕，四不當一。

杏始華榮，輒耕輕土弱土。望杏花落，復耕。耕輒藺〔四〕⑪之。草生，有雨澤，耕重藺之。土甚輕者，以牛羊踐之。如此則土强。此謂弱土〔五〕而强之也。

春氣未通，則土歷適⑫不保澤，終歲不宜稼，非糞不解⑬。慎無旱〔六〕耕。須草生，至可耕時，有雨即耕〔七〕，土相親⑭，苗獨生，草穢爛，皆成良田。此一耕而當五也。不如此而旱〔八〕耕，塊硬，苗穢同孔出，不可鋤治，反爲敗田。秋無雨而耕，絶土氣⑮，土堅垎，名曰腊田。及盛冬耕，泄陰氣⑯，土枯燥，名曰脯田。脯田與腊田⑰，皆傷田，二〔九〕歲不起稼，則一歲休之。

凡麥田，常以五月耕，六月再耕，七月勿耕，謹摩平以待種時。五月耕，一當三。六月耕，一當再。若七月耕，五不當一〔一〇〕。

冬雨雪止，輒以藺之，掩地雪，勿使從風飛去；後雪復藺之；則立春保澤，凍蟲死，來年宜稼。

得時之和，適地之宜，田雖薄惡，收可畝十石⑱。

【校記】

〔一〕此節輯自要術卷一耕田第一。

〔二〕明抄要術作塊，誤。

〔三〕禮記月令孟春之月「草木萌動」句，鄭玄注：「農書曰，土長冒橛，陳根可拔，耕者急發。」孔穎達正義說：「鄭所引農書，先師以爲氾勝之書也。」按即節引此條。又國語周語上「土乃脈發」句，韋昭注：「農書曰，春土冒橛，陳根可拔，耕者急發。」也是節引此條。

〔四〕文選卷三十六王元長永明九年策秀才文五首李善注引作：「杏始華榮，輒耕輕土弱土。望杏花落，復耕之，輒藺之。此謂一耕而五穫。」御覽卷九百六十八「杏」引作「杏始華，趣耕輕土。杏花落，趣耕藺。」又說「杏花如何，可耕白沙也。」事類賦卷二十六注引作：「杏始華榮，輒耕輕土弱土。望杏花落，復耕之，輒藺之。此謂一耕而五也。」又說「杏花如何，可耕白沙。」按事類賦注大概是轉引文選注和御覽的。文選注「復耕之」的「之」字顯然是「耕」字之誤，要術所引是對的。御覽的「趣耕藺」有錯字和脱文。又「杏花如何，可耕白沙也」句頗可怪，也許氾勝之書原文中提到白沙土。但御覽所引，文意不通，顯有錯字和脱文。參看校記〔一〇〕。

〔五〕金抄要術無「土」字，是抄寫時的脱誤。

〔六〕黄蕘圃在校宋本要術說：「『旱』疑『早』字之誤」。按「旱」字不誤，因爲下文就是說旱耕的弊害的。

〔七〕各本要術都作「至可種時有雨即種」。此二「種」字在這裏實不適合。全篇都是討論耕的時期和方法，不是討論播種時間，不應說「至可種時有雨即種」。且上文說「慎無旱耕」，下文又說旱耕會使土塊堅硬，中間顯然應當是說等待有雨而趁土壤濕潤時就耕。反之，如果是「至可種時有雨即種」，也不可能使土相親。此二「種」字顯然是「耕」字之誤，因此改爲耕字。

〔八〕黃蕘圃在校宋本要術説「『旱』疑誤」。按「旱」字不誤。參看校記〔六〕。

〔九〕金抄要術作「三」，可能是寫錯的。

〔一〇〕要術引崔實四民月令説：『正月，地氣上騰，土長冒橛，陳根可拔，急菑强土黑壚之田。二月，陰凍畢澤，可菑美田緩土及河渚小處。三月，杏華盛，可菑沙白輕土之田。五月、六月可菑麥田。』四民月令所説，顯然是根據氾勝之書這一段而來的，但是稍有出入。又要術所引四民月令，也不是全照原書抄録的（另詳四民月令輯釋），因此可以推想要術所引氾勝之書這一段，也許有删改的可能。御覽所引提到白沙土，四民月令也説到沙白輕土，也許氾勝之書原文中有這一類的名稱，而被要術引用時節删的。可惜再没有其他文獻可以考證了。

【注釋】

①禹貢馬融注：「壤，天性和美也。」周禮大司徒鄭玄注：「壤，和緩之貌。」所謂和美、和緩，指土壤不堅硬，也不過于疏散。耕的主要目的是使土壤疏鬆柔和。堅實的或過于疏散的土壤，若在適當時間去耕，可使成爲有結構的土壤，而具有疏鬆柔和的性質。所以這裏所説「趣時和土」，正是説明要抓緊適當時間去耕，使土壤鬆和。

②這裏所謂「地氣」，是古人綜合地表示土壤性狀的一種頗爲籠統的概念，主要包括土壤的温度和濕度，可能還兼及土中水和氣體的流通情況，好比「天氣」的表示温度、濕度、陰晴風雨等現象一樣。「地氣始通」指地氣開始通順；也就是説，冰凍時土壤堅硬閉結，解凍時土壤性質才開始通順，便于耕作。

③「和解」是表示土壤柔和而容易碎解的意思，實際是土壤達到了適合于耕作的濕潤狀態，詳見本節「討論」。

④「陰氣」就是地氣。「陰氣始盛」是緊接在「天氣開始熱」之後説的，應當主要是指的土温也開始高了。

⑤「膏」指肥美，如史記田蚡傳説：「治宅甲諸第，田園極膏腴。」膏也有濕潤的意思，如詩曹風下泉説：「陰雨膏之。」「膏澤」指肥美濕潤，或單指濕潤。和下文在乾燥時候耕的「土堅垎，名曰腊田」及「土枯燥，名曰脯田」對照着看，這裏是在濕潤適度時候耕的，使土壤形成結構，利于保墒，所以「名曰膏澤」，意思是指在這些時候耕的田，叫做「膏澤」，也就是叫做「肥美濕潤的田」。

⑥説文：「壚，黑剛土也。」現在黄河流域民間仍有壚土的名稱。這是一種石灰性粘土，並夾雜着很多石灰結核（俗稱砂薑）。這種土比較堅硬，所以古人稱爲剛土或强土。這裏所説「堅硬强

地」，是形容黑壚土的性質的。周禮所説「埴壚」，也就是這裏所説的壚土。説文：「埴，粘土也。」壚土既然是粘質土，所以也可以稱做埴壚。

⑦古人所説的「强土」，約相當于今日土壤學上的重土，輕土、弱土則相當于今日土壤學上的輕土；但是還包含有比較廣泛的意義，强土和弱土的分别，並非單純地取决于土壤的質地，而是同時聯系到土壤的結構的。這裏所説「强土而弱之」，就是使堅實的强土變爲疏鬆些；下文所説「弱土而强之」，則是使過于鬆散的弱土變爲緊密些。用現代土壤學上的言語來説，「强土而弱之」是使堅實土塊破碎而成爲有結構的土壤；「弱土而强之」是使鬆散土粒粘結成小塊而成爲有結構的土壤。古人另有壤土、緩土、柔土等名稱，則是介于强土和弱土之間的。

⑧土壤表層因反覆凍融，使土塊分裂成結構，空隙百分率增加，亦即土壤的容積增大，因此向上墳起，掩没露出地面的二寸木橛。這是表現地氣始通的一種現象。

⑨「陳根」主要指上年秋收後遺留在土中的莊稼的根，在冬季冰凍時，牢固地凍結在土中；春季解凍時，才可以拔出來。這是表現地氣始通的又一種現象。

⑩「和氣」就是上文所説的和解狀態，亦即宜于耕作的適當濕潤狀態。

⑪「藺」即蹂躪的躪字，是踐踏鎮壓的意思。

⑫「歷」有疏的意思，如管子地員篇説：「赤壚歷彊肥。」又宋玉登徒子好色賦説：「齞脣歷齒。」歷

的雙聲聯綿詞「歷落」，指稀疏：如齊民要術種棗篇說：「其阜勞之地，不任耕稼者，歷落種棗則任矣。」這裏「歷適」（適音滴）則是一個叠韻聯綿詞，也是表示類似的意思，指疏落而不密切地連接。

⑬「非糞不解」句不大好解，不知道原意是什麽。這裏「不宜稼」的癥結在于土壤成爲大塊而乾燥，單靠加糞不能使土塊解散。也許莊稼在這種情況下生長得很不好，施肥可以稍有補救。

⑭「土相親」指土壤疏鬆無塊，密集在一起。不像旱耕時耕起堅硬大土塊，一塊塊疏疏落落的。

⑮「土氣」就是地氣。「絶土氣」是古人的一種想像的解釋，可能是指斷絶土中水分（即土中水分較徹底的損失），或指這樣會把上下層土氣隔斷，使土壤更易乾燥。「絶土氣」是用來說明所以會「土堅垎」的原因。説文：「垎，水乾也，一曰堅也。」「土堅垎」指土壤乾燥堅硬。

⑯「陰氣」也是地氣。「泄陰氣」指泄漏土中水分，用來說明所以會「土枯燥」的原因。

⑰「脯」、「腊」都是乾肉。田間土塊乾燥堅硬，像彊硬的乾肉塊一樣，所以稱做脯田和腊田。

⑱漢 1 尺 =0.693 市尺。漢時以 6 尺爲步，240 方尺爲畝。

因此，漢 1 畝 $= \dfrac{6^2 \times 240 \times 0.693^2}{6000} = 0.69155856$ 市畝。又漢 1 斛亦稱 1 石，1 斛 =10 斗；漢 1 斛 =1620 立方漢寸。漢 1 寸 =2.31 公分；1 市升 =1000 立方公分。

因此，漢1斛 $=\frac{1620\times 2.31^3}{10\times 1000}=1.996875342$ 市斗。漢10石 $=1.996875342$ 市石。

因此漢1畝收穫10石，折合爲市畝市石數是：$1:0.69155856=x:1.996875342$，

$$x=\frac{1.996875342}{0.69155856}=2.8875$$ 市石。即每市畝可收穫2.8875市石。

【譯文】

耕種的基本原則是：抓緊適當時間，使土壤鬆和，注意肥料和水分，及早鋤地，及早收穫。

春季初解凍，「地氣」才通順的時候，土壤第一次和解（按即土壤達到了適當的濕潤狀態）。到了「夏至」，天氣開始熱了，土壤的溫度也開始高了，土壤又一次和解。夏至後九十日（按即秋分），白天和黑夜的長短相等，天氣和地氣調和。在這些時候耕田，用力一分抵得上五分；這些時候耕的田，叫做「膏澤」，都得到適合時宜的功效。

春季地氣開始通順時，就可以耕堅硬强地的黑壚土。耕後把土塊摩平，讓它生長出雜草來。雜草生出後，再耕翻。天下小雨後，再一次把土耕鬆。勿使土壤結成塊，經常保持土壤的鬆和，一直到播種的時候。這就是所謂使强土變弱的辦法。

測驗春季地氣開始通順的方法是：把一根一尺二寸長的木橛，打進土裏去，一尺埋在地面下，二寸露出地面上（漢尺：1尺＝0.693市尺，2寸＝1.386市寸）；立春後，土塊碎散，向上墳起，把露出地面的二寸木橛蓋没了，土中存在的隔年的根也可以隨手拔出來了，這就表明地氣已經開始通順。從這時起二十日以後，和氣（按即土壤的適當濕潤狀態）消失，土就變硬了。在適當的時候耕田，用力一分抵得上四分；和氣消失後才去耕，用力四分抵不上一分。

杏花開始盛開時，就耕輕土、弱土。看見杏花落的時候，再耕。耕後隨即鎮壓。雜草生出，遇着下雨，土壤濕潤時，再耕，再鎮壓。土很輕的，趕牛羊上去踐踏。這樣，土壤就較堅强了。這就是所謂使弱土變强的辦法。

春季地氣還没有通順的時候，如果去耕田，就全耕起一個個疏疏落落的大土塊，不能保墒。這一年就長不出好莊稼，非加糞不能解決。當心不要在土壤乾燥的時候耕。要讓雜草生出來，到可以耕的時候，遇着下雨，土壤濕潤時就耕。這樣，就可以使土壤有良好的結構，單長出莊稼的苗，雜草都腐爛了，都成爲好田。這樣，耕一次可以抵得上五次。如果不這樣，而在土壤乾燥的時候耕，耕起的土塊是堅硬的，秧苗和雜草共同在土塊之間的空隙裏長出來，不能鋤地除草，反而成爲壞田。秋季没有雨的時候耕田，使土中水分較徹底地損失了，變爲乾燥堅硬；這樣的田叫做「腊田」。還有，盛冬時候耕的，泄漏土中水分，使土壤枯燥；這樣的田叫做「脯田」。「脯田」和「腊田」都是受了傷的田，接連兩年生長不出好莊稼；補救的辦法是讓它休閒一年。

凡是種麥的田，一般是在五月耕一遍；六月再耕一遍；七月不要耕；好好地摩平，等待下種。五月裏耕，一遍抵得上三遍。六月裏耕，一遍抵得上兩遍。若是七月裏耕，五遍抵不上一遍。

冬季下雪停止後，隨即用東西在雪上拖壓過，把地面上的雪掩蓋好，不讓雪被風吹掉。以後下雪，也是照樣拖壓。這樣，立春後土中保有較多水分，害蟲凍死了，來年適宜於莊稼的生長。

若能按照以上所說的道理耕種，適合時令，適合土宜，田地即使是瘠薄的，也可以一畝收到十石。

【討論】

這一節所說的耕田原則，基本上是合理的。我們在這裏討論是否合理時，要記住，氾勝之書主要是就關中地區（即陝西中部）的情況說的。

這裏有一點特别值得注意。耕田要在適當時節，這原是一般原則，但是氾氏在這裏强調「春凍解，地氣始通」時土壤「和氣」的重要性，指出測驗「春季地氣始通」的方法，指出「春季地氣未通」時不可以耕，指出「春季地氣始通」時要抓緊時間耕黑壚土。

這種要在春凍初解時抓緊時間耕黑壚土的原則，不是氾氏首先發見的。比氾勝之書早二百年的吕氏春秋，已經在辯土篇中説：「凡耕之道，必始於壚，爲其寡澤而後枯；必厚(後)其靹(按指柔土)，爲其唯厚(雖後)而及。」大意是説：春耕必須先耕壚土，因爲晚了土壤乾燥，就不能耕了；柔土可以晚些時候耕，因爲雖然晚些，時候還來得及。吕氏春秋也是關中地區的著作，氾氏這種理論，可以説是承繼這一傳統的。

後來鄭玄注周禮説：孟春「土長冒橛，陳根可拔，耕者急發」。韋昭注國語説：「春土冒橛，陳根可拔，耕者急發。」崔寔四民月令説：正月「地氣上騰，土長冒橛，陳根可拔，急菑(按即急耕)强土黑壚之田」。都是承繼這一理論的。我們從這些「急發」、「急菑」等語氣，可以體會到古人十分重視要抓緊時間去耕壚土。

爲什麽要這樣急呢？

因爲壚土是粘質土。粘土在濕潤適度的時候耕，可以産生土壤結構。春季初解凍時，正是土壤濕潤適度的時候。全解時可能嫌濕，不宜耕；而且北方(包括華北、西北、東北）春季多風，更可能在全解時土中水分已經蒸發過多，太乾燥，不能耕了。這種濕潤適度的時節是短促的，稍縱即去的。而且北方往往春旱，以後也不能保證會再有適於春耕的濕潤適度的機會。所以必須在春季初解凍時，抓緊時間，急急忙忙地先耕壚土。

氾氏所説耕後要隨即把土塊摩平，那是因爲耕起的土塊容易乾燥，成塊的粘質土一乾燥就很難破碎了。春季地氣未通時的所以不可以耕，那是因爲凍土還没有融解到濕潤適度的時候，耕起的大土塊不能隨即破碎，而且互相支架，造成很多大空隙，擴大暴露面，促使土塊及下層土壤迅速乾燥，所以説「則土歷適不保澤」。土塊一乾燥，就很難破碎了。「秋無雨而耕」和「盛冬耕」的所以有害，也是由於同樣的道理。因此氾氏强調指出「慎無旱耕」。

氾氏所説使强土變弱、弱土變强的方法，也可以追溯它的歷史到吕氏春秋。吕氏春秋任地篇説：「凡耕之大方，力者欲柔，柔者欲力。……急者欲緩，緩者欲急。」這就是説，要使過於堅實的土變鬆些，過於疏散的土變實些。可見古人早就講究改良土壤的結構，以求適合於莊稼的生長。

氾氏在討論耕田方法時，强調指出抓緊土壤和解的時候去耕，耕後隨即摩平，以及

「慎無旱耕」，很明顯地反映出那是在乾旱環境中的情形。末了指出保存冬雪的辦法，也幫助説明那是産生在怎樣的環境中的。這些寶貴經驗，都是在勞動實踐中，因事實需要而逐漸摸索得來的。

氾氏所説春凍初解時的土壤和解，是正確的，也是他在這裏再三討論的。至於所説夏至日的土壤再度和解，和秋分日的又一次和解，只是想當然的推論，借用來加强他的理論的系統性的，事實上决不能如此湊巧。

二、收種〔一〕

牽馬令就穀堆食數口，以馬踐過爲種，無好蚄①，厭好蚄蟲也〔二〕。

種傷濕鬱熱則生蟲也〔三〕。

取麥種，候熟可穫，擇穗大彊者，斬束立場中之高燥處，曝使極燥。無令有白魚②，有輒揚治之。取乾艾雜藏之，麥一石，艾一把；藏以瓦器竹器。順時種之，則收常倍〔四〕。

取禾種，擇高大者，斬一節下，把懸高燥處，苗則不敗。

欲知歲所宜，以布囊盛粟等諸物種，平量之，埋陰地。冬至後五十日，發取量之。息最多者，歲所宜也〔五〕。

蟲食桃者粟貴。

【校記】

〔一〕此節輯自要術卷一收種第二。惟末一條輯自種穀第三；此條原在種稗後，很突然，有可能不是出于氾書的；姑且按照它的性質，移附本節。

〔二〕金抄及明抄要術都作「無蝨厭蝨蚄蟲也」。這一句似乎很難解釋，因此引起不少混亂。農桑輯要改作「無蝨蚄等蟲也」，胡震亨刻本要術誤作「無蝨籌蚄蟲也」，因此有人以爲「籌」是「等」字的誤寫，主張採取農桑輯要這一句。

按蝨蚄是粟的主要害蟲（見注釋①），這裏可能是專對蝨蚄説的，氾書原文未必有「等」字。而「厭」字倒可能是氾書原有的。史記高祖紀説：「秦始皇帝常曰，東南有天子氣，於是因東遊以厭之。」「厭」就是古代所謂厭勝術的厭，是鎮壓的意思。氾書本多迷信的説法，這裏也是一種迷信，以爲馬吃幾口並踐踏過，就可以鎮壓住蝨蚄，使它不再發生了。所以要術的引文是對的，完全可以解釋通的；不過也還可能落掉一個「蚄」字，補入後可使文句更加完整。姑且代爲補入。

〔三〕御覽卷八百二十三「種殖」引此句，無「也」字。

〔四〕御覽卷八百二十三「種殖」引此條作：「取麥種，候熟可穫，擇穗大彊者，秆束，立場之高燥處。無令有白魚。取乾草雜藏之。」

〔五〕御覽卷八百二十三「種殖」引此條，「粟」字下脱「等」字；「平量之埋陰地」，作「平量埋陰垣之下」；末無「也」字。又卷八百四十「粟」引作：「欲知歲宜，以布囊盛粟等，量埋於陰地，冬至後取量，最多者種之。」又卷八百四十一「豆」引作：「知歲所宜，以囊盛種，平量埋陰地，冬至後五十日，以發取量之，最多者種焉。」

【注釋】

①蚄蚄就是粘蟲(*Cirphis unipuncta* Hawarth)。二十四史上關于蚄蚄爲害的記録有如下二十九條：

魏太和六年(公元四八二年)七月，青雍二州蚄蚄害稼。

太和八年(四八四年)三月，冀州(按此州字是錯的)相三州蚄蚄害稼；六月，相齊光青四州蚄蚄害稼。

景明元年(五〇〇年)五月，青齊徐兗光南青六州蚄蚄害稼。

景明四年(五〇三年)五月，光州蚄蚄害稼；七月，東萊郡蚄蚄害稼。

正始四年(五〇七年)八月，河州蚄蚄爲災。

延昌元年(五一二年)七月，京師蚄蚄；八月，青齊光三州蚄蚄害稼，三分食二。

熙平元年(五一六年)六月，青齊光南青四州蚄蚄害稼。

唐開元二十二年(七三四年)八月，榆關蚄蚄害稼，入平州界，有羣雀來食之，一日而盡。

開元二十六年(七三八年)，榆關有蚄蚄食苗，羣雀來食之。

廣德元年（七六三年）秋，蚜蚄食苗，關中尤甚，米斗千錢。

長慶四年（八二四年），絳州蚜蚄蟲害稼。

太和元年（八二七年），河東同號等州蚜蚄蟲害稼。

五代梁開平元年（九〇七年）八月，同州蚜蚄生。

宋建隆二年（九六一年）九月，渭南縣蚜蚄蟲傷稼。

乾德六年（九六八年）七月，階州蚜蚄蟲生。

太平興國五年（九八〇年）七月，北海蚜蚄生，濰州蚜蚄蟲食稼殆盡。

太平興國七年（九八二年）九月，邠州蚜蚄蟲生，食稼。

端拱二年（九八九年）七月，施州蚜蚄蟲生，害稼。

大中祥符四年（一〇一一年）八月，兖州蚜蚄蟲生，有蟲青色，隨𧑄之，化爲水。

大中祥符六年（一〇一三年）九月，陝西同華等州蚜蚄害食苗。

天聖五年（一〇二七年）華州旱，蚜蚄蟲食苗。

熙寧九年（一〇六七年）七月，關以西蝗蝻、蚜蚄生。

金明昌三年（一一九二年）秋，綏德蚜蚄生，旱。

泰和四年（一二〇四年）十二月，新平等縣蚜蚄蟲生。

元至元八年(一二七一年)六月，遼州和順縣、解州聞喜縣蝗蝻生。

至元二十四年(一二八七年)，鞏昌蝗蝻爲災。

泰定四年(一三二七年)七月，奉元路咸陽興平武功三縣，鳳翔府岐山等縣蝗蝻害稼。

至正二十二年(一三六二年)六月，萊州膠水縣蝗蝻生；七月，掖縣蝗蝻生，害稼。

至正二十三年(一三六三年)六月，甯海文登縣蝗蝻生；七月，萊州招遠萊陽二縣及登州甯海州蝗蝻生。

在這二十九條記載裏，除宋端拱二年一條發生于施州(故城在今湖北恩施縣)，在長江流域外，其餘都發生在黄河流域。發生的季節，七月最多，共十次；六、八兩月次之，各五次；其次爲九月三次，秋二次，五月二次，三月、十二月各一次。由此可見，蝗蝻害稼絶大多數發生在穀子生長的季節。

蝗蝻的寄主植物很多，大小麥、燕麥、蕎麥、玉米、高粱、水稻、甘蔗以及禾本科雜草的葉子，蝗蝻都要吃。但是穀子既然是古代北方的主要秋作物，上述二十九條記録中的被害者，大概也是首推穀子。

有的記録説：「蝗蝻害稼，三分食二」「食稼殆盡」「蝗蝻食苗，關中尤甚，米斗千錢」，可見災情是很嚴重的。而且還須指出，災情不嚴重的，地方官不會向上報；有報告的，也未必全都記録；所以這些記録還是不完全的。還有，在上述時期以前和以後也不是没有虸蚄爲害，而是混入別種蟲害中去了。清代蒲松齡的農蠶經有專條論述打除虸蚄的方法，陳崇砥的治蝗書也附有捕粘蟲説，虸蚄的爲害如不嚴重，是不會引起人們如此重視的。

有人以爲虸蚄是穀象（即强蛘），這是錯的。首先，穀象不能造成如此嚴重的災害；其次，歷史的記録都説虸蚄害稼；第三，三國時吴陸璣毛詩草木鳥蟲魚疏説「螟似虸蚄而頭不赤」，宋沈括夢溪筆談所説鉗死虸蚄的傍不肯（即步行蟲，現在有些地方農民稱它爲氣不憤，就是傍不肯的一音之轉，這是虸蚄的天敵），清蒲松齡農蠶經所説「每逢蚄撲穀内，穀梢嫩葉必有子，捲裹嫩尖，早拿白汁一縷，少晚者漸有子形，再晚者即蠕蠕欲出，一葉内小蟻可藏八九十個」，又説「蟲畏日，半伏土中，夜則俱出」，這些都和粘蟲的情況相符；第四，現在山東、山西、陝西等省農民，仍有把粘蟲稱做虸蚄的。這四點可以有力地證明虸蚄是粘蟲，不是穀象。

② 白魚即衣魚，亦名蠹魚。白魚不是穀倉中的主要害蟲，不過可以當作一種指標，因爲種子中發現白魚時，大概情況已經很不好，已經有別種害蟲了。

【譯文】

牽馬到穀子堆去吃幾口穀子，並且使馬在堆上踐踏過，用這樣處理過的穀子做種，可以免除蚄蚄的爲害。因爲這樣處理是可以鎮壓蚄蚄蟲的。

種子在貯藏中，如果潮濕、鬱悶和温度較高，就會發生蟲害。

收取麥的種子：等候麥成熟到可以收穫的時候，選擇粗大而强壯的穗，斬下來，紮成束，豎立在打穀場中高燥的地方，曬到極其乾燥。不要讓它有蠹魚；如果有了，就立刻簸揚除去。用乾艾夾雜着貯藏起來，石麥用一把艾。貯藏用瓦器或竹器。然後順着時令下種，收成可以加倍。

收取穀子的種子，選擇高大的，斬下連穗的一節，紮成把，掛在高燥的地方。這樣收藏的種子，可以生長出好苗。

想要知道年歲適宜於那一種莊稼：用布袋裝盛穀子等各種莊稼的種子，各種種子的容積要相等，埋藏在背陰地方；冬至後五十日，發出來，再量過，那一種的容積增漲得最多的，就是年歲適宜的。

蟲吃桃子的年份，穀子價貴。

【討論】

這一節中有三點值得注意。

首先是氾氏提出在田間選擇好穗留種的辦法，這是我國現存關於這種選種法的最早記載。這樣選種，不但注意到籽粒的飽滿粗壯，還包括穗上的粒數多，生長强健；而且同時很可能會注意到穗以及整個植株的形狀的整齊（如後來齊民要術所說的「選好穗色純者」）；同一個時間在田間選取的，自然也是成熟時期相同的。年年繼續這樣選種，可以保持種子的相當純潔，並向好的方向發展。這是選種育種史上一種進步的表現。

第二是指出種子在貯藏中應當注意的事項。氾氏一再强調要乾燥，這可説是首要的；其次是通風；再其次是温度，認爲「種傷濕鬱熱則生蟲」。潮濕、鬱悶，會使種子因微生物的作用而發酵生熱。潮濕鬱熱的程度有不同，這些情況會是逐漸發展的，這樣就爲不同害蟲逐步創造適合於它們生活的條件。氾氏所説，基本上是合理的；這些問題，也仍是今日在貯藏種子時所應注意的。

第三是防治蟲害。在這短短的一小節裏接連談到四件有關防治蟲害的事情：⑴「種傷濕鬱熱則生蟲」；⑵用乾艾夾在貯藏的種子中，因爲艾有一種氣味，能驅蟲；⑶有蠹魚時，隨即驅除掉；⑷防治蚄蚄。這裏充分表現出對於防治蟲害的注意。

牽馬到穀堆去吃幾口穀子，再使馬在堆上踐踏過，就能除掉蚄蚄的説法，是毫無道理的。蚜蚄吃苗葉，在田間過冬，並不寄生或産卵在種子裏；即使在種子裏，也不是馬吃幾口穀子，就能使整堆穀子中的害蟲絶跡的。這完全是古人的一種迷信説法。不過這裏反映出：二千年前已經看到蚜蚄爲害的嚴重性，並且已在設法驅除它。這是我們現存的關於蚜蚄的最早記載。蚜蚄就是粘蟲，歷史上長期稱爲蚜蚄，現在山東、山西、陝西等省土名仍有稱做蚜蚄的；這正是我們現在要從一九五六年開始，分别在七年或十二年内，在一切可能的地方，要求基本上消滅的危害農作物最嚴重的十大病蟲害中的第二名。

這裏還要附帶説明一點，不但氾氏所説防治蚜蚄的方法是迷信，所説測驗年歲適宜於那一種作物的方法，以及所謂「蟲食桃者粟貴」，也都是迷信的説法。

三、溲種法〔一〕①

薄田不能糞者，以原蠶矢②雜禾種種之③，則禾不蟲。〔二〕

又馬骨剉一石，以水三石，煮之三沸；漉去滓，以汁漬附子④五枚；三四日，去附子，以汁和蠶矢羊矢各等分，撓令洞洞⑤如稠粥。先種二十日時，以溲種如麥飯⑥狀。常天旱燥時溲之，立乾；薄布數撓，令易乾〔三〕。明日復溲。天陰雨則勿溲。六七溲而止。輒曝謹藏，勿令復濕。至可種時，以餘汁溲而種之。則禾不蝗蟲⑦。無馬骨，亦可用雪汁，雪汁者，五穀之精也，使稼耐旱。常以冬藏雪汁，器盛埋於地中。治種如此，則收常倍〔四〕。

驗美田至十九石，中田十三石，薄田一十石，尹擇取減法，神農復加之〔五〕骨汁糞汁溲種〔六〕。剉馬骨牛羊猪麋鹿骨一斗，以雪汁三斗，煮之三沸。以汁漬附子，率汁一斗，附子五枚，漬之五日，去附子。擣麋鹿羊矢等分〔七〕，置汁中熟撓和之。候晏温⑧，又溲曝，狀如后稷法⑨，皆溲汁乾乃止。若無骨，煮繰蛹汁和溲。如此則以區種，大旱澆之，其收至畝百石以上，十倍於后稷。此言馬蠶皆蟲之先也，及附子令稼不蝗蟲；骨汁及繰蛹汁皆肥，使稼耐旱，終歲不失於穫。

【校記】

〔一〕此節輯自要術卷一種穀第三。

〔二〕御覽卷八百三十九「禾」及卷八百二十三「種殖」引文同，但只作「原蠶矢雜禾種之」。

〔三〕金抄及明抄要術均作「令則乾」，胡震亨刻本改作「令易乾」，易字較勝，兹從之。

〔四〕御覽卷八百二十三「種殖」引作：「又取馬骨莝之，一石以水三石，煮之三沸，漉去滓，以汁漬附子五枚；漬三四日，去附子，以汁和蠶矢撓如粥。先種二十日以溲種，曝勿令濕。至種時以餘汁溲之，種之，則不生蝗蟲。無馬骨汁，亦可用雪汁。雪者五穀之精也。常以冬藏雪汁，器盛埋地中。治種如此，則收萬倍。」按此頗有節刪，且有錯字，不如要術的引文好。

此外御覽卷十二「雪」引作：「取雪汁漬原蠶屎五六口，待釋，手挼之，和穀種之，能御旱。故謂雪爲五穀精也。」事類賦卷三注引文同。書鈔卷一百五十二「雪篇」注引作：「取雪汁以漬原蠶屎，分等漬之，五六日釋，因摩之種如麥飯狀。此言雪者五穀之精，使稼能旱也。」類聚卷二「雪」引作：「取雪汁以漬原蠶矢，漬之五六日釋，因摩之，雜穀種，使稼能旱。故謂雪五穀之精也。」初學記卷二「雪」引作「雪爲五穀之精。」御覽卷八百三十七「穀」引作「雪者五穀之精。」按這些引文中，一部分顯然是和上述要術同一來源。但是其中說：「取雪汁漬原蠶矢五六日，待釋，手挼之」，此語不見于要術引文中。似乎要術關于此事的引文也有節刪。

〔五〕「尹擇取減法，神農復加之。」這一句頗有問題。

石聲漢教授在「農」字斷句，並且説：「馬輯和所有要術版本，這句都是『尹擇取減法神農』；只有要術明鈔本『擇』字作『澤』。馬國翰以爲『尹擇』就是漢書藝文志中農家書尹都尉書底作者。漢書藝文志注中，明明説過『不知何世』；因此，馬國翰這個推想，根據實在非常薄弱。與氾書現存材料反覆比較後，我們假定，『尹』字是『居』字之誤，『取』字是『趣』字之誤，『減』字是『咸』字之誤。即這七個字，改作『居澤，趣時，咸法神農』八個字。在字形上，這三對字底混淆，是不難理解的。『居澤』，見後面的4.10條（按即石先生的氾勝之書今釋第十五節第一段）；『趣時』，見1.1條（按即今釋第一節第一段）；則都是氾勝之本人用的話。『咸法神農』底解釋是這樣：依我底推想，氾勝之時代，漢書藝文志中所載的農家書神農書，可能正在流行；所以居澤、趣時，『都取法於神農書』。否則照字面來説，『尹擇取減法，神農復加之』，我們不但無法説明減的是什麽，加的是什麽，而且，還得忽然在神農這個半神話式的人物之前，更假定有一個不見於其他任何傳説的尹擇先存在，復字才能有交代，就比我底假設還要難找根據了。」

按石先生的這一解釋，很是新穎可喜。不過其中仍有問題。尹擇的「擇」，在明鈔本要術也是作「擇」，並非作「澤」。「居澤」雖是氾勝之本人使用過的話，但是他在種瓠法裏所説的是

「作區，方深一尺，以杵築之，令可居澤」，意思似乎主要是把區内的土築得堅實，使不漏水，和一般的保墒不同。「取」字改作趣，但文中没有「時」字，又得新加一個「時」字。尹擇和神農的先後，似乎問題不大，因爲神農書本是假託于神農的，其中説法還可能隨時更改。因此，石先生的解釋，是不是氾書原意，就很難説了。

因此在没有得到新的强有力的證據前，我們在這裏只得姑且照抄現在所見到的原文，不加改動，並且暫照字面解釋。

〔六〕各本要術都作「骨汁糞汁種種」，不可解。「種種」應當是溲種的誤寫，因爲它的下文正是叙述溲種方法的。兹爲改正。

〔七〕各本要術都作「分等」，以上文「以汁和蠶矢羊矢各等分」爲例，這裏的「分等」當是「等分」之誤，兹爲改正。

【注釋】

① 説文：「溲，浸沃也，从水叜聲。」詩生民「釋之叟叟」，傳：「釋，淅米也；叟叟，聲也。」淅米，即把米浸入水中淘洗，今江蘇人稱做淘米，淘米器稱做溲箕。這裏所説溲種，單就字面講，指把種子浸入液汁中；但是溲種法的意義不止于此，這裏是用來指氾勝之書所説的一種整套方法，

用骨汁或雪水和糞調成稠汁，把它浸附晾乾在種子上，像魚皮花生米那樣。後世一般把這種方法稱做「糞種」。但是氾氏自己並没有採用這樣的名詞，這是鄭玄注周禮草人「糞種」所引起的糾纏（詳見本節討論中），反而使人把氾書所説區田法的「教民糞種，負水澆稼」的「糞種」，和這節所説溲種法錯誤地等同起來了。爲了避免這種誤會，所以挑選氾氏自己所用的「溲種」兩字，總名之曰「溲種法」，用作本節標題。

②「矢」即屎字。「原蠶」，指二化性或多化性蠶。淮南子：「原蠶一歲而再登，非不利也，然王者法禁之，爲其殘桑也。」又周禮夏官「禁原蠶者」，鄭玄注：「原，再也。天文辰爲馬。蠶書，蠶爲龍精，月直大火，則浴其種。是蠶與馬同氣。物莫兩大。禁再蠶者，爲傷馬與？」可見在氾氏之前，早有原蠶的名稱。但是我認爲這裏氾氏所説「原蠶矢」，未必是指多化性蠶的矢。因爲：(1)二化蠶的矢和春蠶矢並没有基本上的區别，爲什麽必須用二化蠶的矢呢？(2)下文溲種法中説「以蠶矢羊矢各等分」，可見只要是蠶矢都可用，不必一定要用二化蠶的矢。(3)古代禁原蠶，二化蠶的矢實際上也不會多，何必捨多取少呢？(4)在北方種穀的時候，二化蠶還没有出世，也來不及等待二化蠶的矢。另一方面：(5)「原」字有本來樣子而没有被人工改變的意思，如説原料、原油；這裏所説「原蠶矢」，可能是指原來的蠶矢粒子。下文所説蠶矢和骨汁撓令如稠粥，就失去蠶矢的原來樣子了。(6)而且這裏是用蠶矢和穀子種混雜在一起播種的，正如我

們現在用粒肥和種子拌和在一起播種一樣，原來的蠶矢粒子正是天然粒肥，擣爛後就不容易和種子拌和了。由此可見，這裏的「原蠶矢」應當理解爲原來的蠶矢粒子，不宜解釋爲二化蠶的矢。

③用蠶矢粒子和種子拌在一起播種，不是溲種法，但在功用上是類似的，所以把它附收在這一節。

④附子是中藥中的一種重要藥品。它是毛茛科多年生草本植物的根。初種時的小肉根叫做烏頭，其後附烏頭而旁生的叫做附子。烏頭像芋魁，附子像芋子。

⑤「洞洞」是一個形容詞，象攪和稠粥時發出的聲音。

⑥史游急就篇「餅餌麥飯甘豆羹」，顔師古注：「麥飯，磨麥合皮而炊之也。……麥飯豆羹，皆農夫野人之食耳。」史游大抵和氾勝之同時而年稍長。麥飯既然是磨麥合皮而炊成的，其中必有磨碎的麥粉煮成糊，而大部分仍是破碎的或不大破碎的麥粒，炊後仍是一粒粒的成爲飯的形狀。這裏所説「如麥飯狀」，是指像麥飯粒和糊漿混和着的那種樣子。

⑦古人往往以蝗蟲爲害蟲的共名，不一定專指蝗蟲。例如犍爲舍人注爾雅「食苗心螟，食葉蟘，食節賊，食根蟊」説：「此四種蟲皆蝗也。」又如古今圖書集成把各種成災的害蟲都編入蝗災部。這裏所説的蝗蟲，也應該當作共名看待。

⑧説文：「晏，天清也」。席世昌讀説文記説：「楊雄賦『天清日晏』注，引許君淮南子注云：

『晏，無雲之處也。』淮南子『暉日知晏，陰蛣知雨。』按淮南子以雨對晏，則今以爲晚解者俗訓也。又按吕覽謕徒篇云：『若晏陰喜怒無處』，以陰對晏，與説文合。」可見『晏』指天晴而没有雲。「候晏温」，應當解作等候天晴温暖的時候。

⑨「后稷法」大概是指當時流行的託名于后稷的農業生産技術。王充論衡商蟲篇説：「神農后稷藏種之方，煮馬屎以汁漬種者，令禾不蟲。」這個和氾書所説的溲種法有些相像，但不完全相同。把王充所説，與氾書的「狀如后稷法」結合起來看，似乎在漢朝是有流行的所謂「后稷法」的。

【譯文】

瘠薄的田，不能上糞的，可以用蠶矢粒子和穀子種拌和種下；這樣還可以免除蟲害。

又把馬骨斫碎，一石碎骨用三石水來煑，煑沸三次；然後漉去骨渣，把五個附子浸漬在骨汁裏；三四天以後，又漉去附子，用分量相等的蠶矢和羊矢加下去，攪和，使它成爲稠粥狀。下種前二十天，用這種稠汁溲種（即把稠汁拌附在種子上），成爲麥飯那樣。一般只在天氣乾燥時溲種，乾得很快；薄薄地攤開，多次攪動，使它更容易乾。第二天再溲。陰雨天不要溲。溲過六七遍就停止。隨即曬乾，當心貯藏，勿讓它再潮濕。

到了可以播種的時候，把剩下的稠汁拌上後再播種。那末禾苗就可以免受蟲害。如果沒有馬骨，也可以用雪水代替，雪水是五穀之精，可以使莊稼耐旱。一般在冬天收藏雪水，用容器盛着，埋在地下。這樣處理種子，常常可以得到加倍的收成。

檢驗地田，好田要每畝收到十九石，中等田十三石，瘠薄的田十石。尹擇採取較低的標準，神農法又把這個標準提高。骨汁調糞溲種的方法：把馬、牛、羊、猪、麋、鹿等的骨斫碎，一斗碎骨用三斗雪水，煮沸三次。用漉去骨渣後的清汁來浸漬附子，每一斗清汁浸漬五個附子；浸漬五天後，漉去附子。把等量的麋矢、鹿矢、羊矢擣爛，放在這種汁裏，攪拌均匀。等候晴天温暖的時候，用它來溲種，拌後隨即曬乾，像后稷法那樣，都到溲汁乾燥爲止。如果没有骨，可以用煑繭繅絲的水來調糞溲種。種子經過這樣處理後，用區種法種上，遇着乾旱的時候就澆水。這樣，每畝可以收到一百石以上，十倍於后稷法的産量。這裏所説的馬和蠶，都是蟲類中的首長，它們以及附子，能使禾苗不受蟲害。骨汁和繅蛹汁都是肥的，能使禾苗耐旱，到頭來不會没有好收成。

【討論】

首先我們要澄清一個多年來直到現在還糾纏着的誤會——以爲周禮草人所説「糞

種」，就是氾勝之書所説骨汁（或雪水）調糞溲種的方法，並且把這種溲種法，和氾書在區田法中所説「教民糞種，負水澆稼」的「糞種」等同起來。這樣的輾轉地等同是錯誤的。

周禮草人説：「掌土化之法以物地，相其宜而爲之種。凡糞種，騂剛用牛，赤緹用羊，墳壤用麋，渴澤用鹿，鹹潟用貆，勃壤用狐，埴壚用豕，彊檃用蕡，輕爂用犬。」鄭玄注：「土化之法，化之使美，若氾勝之術也。以物地，占其形色。爲之種，黄白宜以種禾之屬。」又説：「凡所以糞種者，皆謂煮取汁也。……鄭司農云，用牛，以牛骨汁漬其種也，謂之糞種。」賈公彦疏也説：「土化之法者，即下經所云糞種，是化土使和美。」這裏鄭玄所説「若氾勝之術」，並没有説明氾氏的那一種方法，用來使土壤變爲和美。下文所説「凡所以糞種者，皆謂煮取汁也」，才是指骨汁調糞溲種的方法；但並没有指出這就是上文所説的「氾勝之術」。到了賈公彦，就明白地把二者聯系起來，以爲糞種就是用來「化土使和美」。

但是如果周禮所説的糞種，就是氾勝之書所説的骨汁調糞溲種法，那是並不能使土壤變爲和美的。早就有人懷疑這種説法了。孫詒讓周禮正義説：「鄭司農云，『用牛，以牛骨汁漬其種也，謂之糞種』者，此即氾勝之法，與後鄭前説同。江永云：『種字當讀去聲。凡糞種，謂糞其地以種禾也。後鄭謂煮取汁，先鄭謂用汁漬其種，是讀爲上聲。凡糞當施之土。如用獸，則以骨灰洒諸田。用麻子，則用擣過麻油之渣布諸田。若土未化，但以汁漬其種，如何能使其土化惡爲美，此物理之易明者。今人糞田，未見有煮汁漬種者。農家歲歲糞田，欲其肥美多穀也。若騂剛諸土，未經變化，恐非一歲所能化，況又惟漬其種乎？』案江説本項安世，於義近是。經説糞種而辨九等土宜之異，則糞宜施之土者。若然，此糞種宜讀如『黄白宜種禾』之『種』，與上經『爲之種』之『種』不同。但二鄭漬種之説，自是古農家遺法，今雖不承用，未敢輕破也。」這裏孫氏不過因爲二鄭是東漢有名經師，未敢輕破其説，但是心裏已在懷疑，而同意項安世、江永等的主張了。

二鄭生當氾勝之後（氾氏是公元前一世紀人；先鄭，即鄭衆，亦稱鄭司農，公元一世紀人；後鄭，即鄭玄，公元二世紀人），看到氾勝之書的溲種法，以爲就是周禮草人所説的糞種，因此引起後來的糾纏，直到今天還没有澄清。其實這應當是兩回事，江永的説法是比較合理的。而且周禮草人所説糞種法中，還有「彊檃用蕡」一條，蕡是麻子，應當就是江永所説「用麻子則用擣過麻油之渣布諸田」，和煮骨取汁的説法相去更遠。

再看氾書在這裏所説的骨汁調糞溲種法，通篇沒有提到過「糞種」這一名詞，氾氏自己顯然沒有把這種方法稱做「糞種」法。氾書在另一處把「糞種」二字連用在一起，在區田法中説：「教民糞種，負水澆稼」，但是氾氏在區田法中所説的糞種，是用來指施肥下種的，和這裏所説的溲種法不同。

從以上的論證，可見周禮草人的「糞種」，和氾書的骨汁調糞溲種法不同，而和氾書區種法中所説的「糞種」則可能有類似的意義。氾書的骨汁調糞溲種法，和氾書區種法中所説的「糞種」，完全是兩回事，決不可以把它們等同起來。爲了避免今後繼續糾纏起見，所以我們在這裏採用氾氏自己所用的「溲種」二字，把他所説的骨汁調糞溲種的方法稱做「溲種法」，以別於所謂「糞種」。

其次，我們要進一步研究溲種法本身的細節及其原理與價值。

氾書講論溲種法的有兩段。兩段的内容要點，基本上是相同的，但在細節上有差別。兹爲便於掌握起見，編列一個一覽表如下：

第一表　種法的原料、方法與效果一覽

	内容要點	前一段所説	另一段所説	附注
溲汁的原料及其製法	骨（或其代用品）	剉馬骨；無馬骨，用雪水代替	剉馬骨、牛羊猪麋鹿骨；無骨，用繰蛹汁代替	碎骨加水煮三沸，漉去渣
	水	水	雪水	水與骨的分量爲三與一之比
	附子	骨汁一石，漬附子五枚，漬三四日	骨汁一斗，漬附子五枚，漬五日	漬後，去附子
	糞	蠶矢羊矢	麋鹿羊矢	用等量的糞，加入骨汁中，撓令如稠粥
溲的方法	溲種的日期	播種以前二十天	没有説明	
	溲種的天氣	常天旱燥時溲之，天陰雨則勿溲	天晴温暖的時候	
	溲後使乾燥	薄布數撓，令易乾	晒乾	選擇晴天，也是爲着容易乾燥
	溲的次數	六七次	没有説明	
	溲畢後的處理	晒乾謹藏，至可種時，以餘汁溲而種之	没有説明	

（續表）

内容要點		前一段所説	另一段所説	附注
效果	抗蟲	溲種使禾不蝗蟲	馬蠶皆蟲之先，及附子令稼不蝗蟲	蝗蟲可能是指各種害蟲
	抗旱	雪汁是五穀之精，使稼耐旱	骨汁及繰蛹汁皆肥，使稼耐旱	
	豐收	治種如此，則收常倍	溲種後再區種，大旱澆之，其收至畝百石以上	

這些細節上的差别，大多數並無重大關係，不準備逐一討論。只有其中附子的用量需要指出，一説是一石骨汁用附子五枚，另一説是一斗骨汁用附子五枚，相差十倍；其中必然有一説是錯的。漢一石約合今二市斗，用附子五枚是否太少；或者二市升骨汁，用附子五枚，是否太多？我們現在不便輕易判斷，須用試驗來決定。

就溲汁所用的原料説：馬骨和其他獸骨並無多大區别，至少在這裏不發生效用優劣上的重要關係。碎骨煮三沸，只能煮下骨膠和脂肪，骨膠中含有氮；骨中的磷酸鈣不能溶解於水，而且煮後漉去骨渣，所以骨汁並不能認爲具有磷肥或骨肥的作用，含氮也很有限。繰蛹汁大概就是煮繭繰絲的水。繭中的蛹富含脂肪和氮，但繰蛹汁中的含氮量也不很多。所以没有骨汁或繰蛹汁時，儘可以用水或雪水來代替。所説「馬蠶皆蟲之先也」，用了馬骨或繰蛹汁，就可以使禾稼免受蟲害，完全是古代的迷信説法，毫無道理的。

水和雪水也没有多大區别。如果有區别的話，只是北方的水含鹽碱質較多，特别是一般井水，俗稱苦水。雪水相當純潔，自然比苦水好；但雨水也和雪水差不多。所説雪汁是五穀之精，所以能使禾稼耐旱，也是古人的迷信説法。近年曾經有人認爲這種用雪汁漬種法具有春化作用，也是毫無根據的。雪埋藏在地下，已經化爲雪水，不是很冷的；如果埋藏較深的話，在北方春初取出來時，還會比地面上的水暖些。而且要在和糞熟撓均勻後溲種，浸漬片刻就取出攤開晒乾或晾乾，即使雪原來是冷的，也早已吸收熱而失去冷的作用。這種溲種法，無論在温度上或處理時間上，都不合所謂春化法的要求條件。無論雪水或整個溲種法，是不能認爲有春化作用的。

附子是一種熱性而有毒的藥品，可能有驅蟲作用。但氾書所説「附子令稼不蝗蟲」，不是指溲種的種子，而是指發芽後生長出來的禾苗可免蟲害。究竟有没有這種作用，或者附子有没有刺激生長的作用，因而使禾苗能够抵抗害蟲的爲害，值得試驗。

蠶矢羊矢（麋鹿的糞數量有限）也許是溲汁原料中最有重大意義的，至少在没有證明附子具有驚人的功效以前應當這樣説。溲種的過程，實際就是在種子外面套上一層以蠶矢羊矢爲主要原料的糞殼，像魚皮花生在花生米外面套上糖衣一樣。因爲糞汁不容易套上，所以要把種子浸入稠粥般的糞汁後隨即取出晾乾，次日又溲，接連六七天溲上六七次，才能套上一層相當厚的糞殼。馬糞粗疏，牛糞又過於細密多水而難乾，只有蠶矢羊矢比較細密乾燥而所含養料相當濃厚，最適合於作爲套糞殼的原料，所以要用它們。煮碎骨煮出來的骨膠，也許在套糞殼的過程中發生一些膠粘作用。

這種糞殼包在種子外面，隨種子一同下到土裏，相當於今日的所謂種肥（或稱補肥）。由於基肥中施入的養料，分佈在全耕作層，種子發芽生長後的幼苗根所能接觸到的，只是很小的一部分。即使土中有效性養料的數量不算少，但是太分散了，幼苗根系範圍内的養料，特别是有效性磷的供應，還不够幼苗的需要，因此幼苗的生長發育就受着限制。所以需要在幼苗的根系分佈範圍内，及時地供應足够的有效性養料。現代的先進辦法是用顆粒肥料拌和種子，一同下到土裏，這就是所謂種肥。

這種套上一層糞殼的種子播種後，種子發芽生長，糞殼也同時在土中起着複雜的變化，微生物把糞中的一部分養料逐漸地繼續地變爲有效性（不同類型的微生物的蕃殖與活動也因此而改變）。所以幼苗根系可以及時地在它附近取得足够的養料，生長旺盛，根系迅速向下及四週分佈。根系分佈的範圍擴大了，在土中水分較少的時候，可以從較大範圍內，特別是較深而水分可能較多的土層吸取水分，自然比根系不發達的能够取得較多的水分。這就是它較能抗旱的原因。生長旺盛的，也就是生活力强、體質比較雄厚的，因此也就較能抗蟲。抗旱、抗蟲，再加上自幼發育良好，生長迅速，體質强健，以後的吸收養料和製造有機物質的能力也就比較好，因此就可以導致豐收。

所以氾書所説的溲種法，雖然夾雜着一些不科學的解釋，它的實際有效的積極作用是可以肯定的。需要試驗的是它的技術細節及各個因素的有效程度。

最後，我們還要回頭來討論一下本節第一段所説的「薄田不能糞者，以原蠶矢雜禾種種之，則禾不蟲」。原形的蠶矢粒子相當於天然顆粒肥料；隨同穀子播種，也就是施用種肥。種肥使幼苗生長旺盛，因此較能抗蟲，已在上面説過了。這裏還需要特別指出的是，氾書爲什麽特別指明「薄田不能糞者」要使用這種種肥。氾氏當時可能只是從現象觀察得來的先進經驗；實際也是有科學根據的。在瘠薄的土地或肥料不足的時候，特别需要注意早期營養，使幼苗長大後能有較强的吸取養料的能力，從較大的根系分佈範圍内吸取養料就可以多吸收些，抵抗不利環境的能力也强些，因此産量也可以比用同樣肥料做追肥或基肥所能得到的産量多些。

四、區田法〔一〕

湯有旱災，伊尹作爲區田，教民糞種①，負水澆稼〔二〕。

區田以糞氣爲美，非必須良田也。諸山陵近邑高危傾阪及丘城上，皆可爲區田。

區田不耕旁地，庶盡地力。

凡區種，不先治地，便荒地爲之。

以畝爲率，令一畝之地，長十八丈，廣四丈八尺②；當横分十八丈作十五町；町間分十四道，以通人行，道廣一尺五寸；町皆廣一丈五寸〔三〕，長四丈八尺。尺〔四〕直横鑿町作溝，溝一尺，深亦一尺。積壤於溝間，相去亦一尺。嘗悉以一尺地積壤，不相受，令弘作二尺地以積壤〔五〕。

種禾黍於溝間，夾溝爲兩行，去溝兩邊各二寸半，中央相去五寸，旁行相去亦五寸。一溝容四十四株。一畝合萬五千七百五十株。種禾黍，令上有一寸土，不可令過一寸，亦不可令減一寸。

凡區種麥，令相去二寸一行。一行容五十二株〔六〕。一畝凡九萬三千五百五十株〔七〕。麥上土令厚二寸。

凡區種大豆，令相去一尺二寸。一行容九株〔八〕。一畝凡六千四百八十株。

區種荏③，令相去三尺。

胡麻④相去一尺。

區種，天旱常溉之，一畝常收百斛⑤。

上農夫⑥區，方深各六寸，間相去九寸。一畝三千七百區。一日作千區。區種粟二十粒；美糞一升，合土和之。畝用種二升。秋收區别三升粟，畝收百斛。丁男長女治十畝。十畝收千石。歲食三十六石⑦，支二十六年〔九〕。

中農夫區，方九寸〔一〇〕，深六寸，相去二尺。一畝千二十七區。用種一升。收粟五十一石。一日作三百區。

下農夫區，方九寸，深六寸，相去三尺〔一一〕。一畝五百六十七區。用種半升〔一二〕。收二十八石。一日作二百區。

區中草生，茇之。區間草以剗剗之〔一三〕，若以鋤鋤。苗長不能耘之者，以劬鎌比地刈其草矣。

【校記】

〔一〕此節輯自要術卷一種穀第三。又下文麥、大豆、瓜、瓠、芋等節内，都有區種法，宜參看。

〔二〕書鈔卷三十九「興利」引作：「氾勝之區田云：昔湯有旱災，伊尹作區田云云。乃負水澆稼，收至畝百石。勝之試爲之，收至畝四十石。」又御覽卷八百二十一「田」引作：「氾勝之奏曰：昔湯有旱災，伊尹爲區田，教民糞種，負水澆稼，收至畝百石。勝之試爲之，收至畝四十石。」按末一句不見于要術所引，且在開端説「奏曰」，不知是不是出自氾勝之書，但是當有所本。

〔三〕金抄、明抄及校宋本要術都作「町皆廣 · 尺五寸」。這裏的「尺」字，一定是「丈」字的誤寫，大概是因爲輾轉傳抄，在北宋刻本所依據的祖本上，就已經訛作「尺」字了。這裏是可以按數核算的。如果是「尺」字，則田長就只有四丈多了（15町 × 1.5尺 + 14溝 × 1.5尺 = 43.5尺），一畝的面積也只稍多于二千方尺了。而且一溝容四十四株，分爲兩行，每行二十二株，株距五寸；如果町只有一尺五寸闊，溝的長度是決定于町的寬度的，一尺五寸長的溝，怎樣排列得下二十二株呢？反過來説，二十二株之間有二十一個株距，21 × 5寸 = 105寸，也就是全長一丈零五寸。所以我們可以斷定這一「尺」字一定是「丈」字的誤寫。若把這一個字改正了，則整個佈置就可以精確地畫出圖來了（見本節討論中）。因此特爲改正。

〔四〕這個「尺」字在這裏似乎很難解釋，我也曾一度以爲是多餘的，石聲漢教授主張把這字去掉。

但是細想起來，如果去掉「尺」字，那末「直橫鑿町作溝」就講不通了。溝是在町裏橫鑿的，每町打橫裏鑿溝二十四條。「直」指什麼呢？長條的溝不能同時又橫鑿又直鑿。這一「直」字是和「尺」字聯系着説的，是指每町打道裏（亦即田長四丈八尺的長裏）每隔一尺鑿一條橫溝。要術各種版本都有這個「尺」字，是對的，不可去掉。

〔五〕各本要術都作「積穰於溝間，相去亦一尺。嘗悉以一尺地積穰，不相受，令弘作二尺以積穰。」其中三個「穰」字當是「壤」字的誤寫。首先是因爲「穰」字在這裏講不通。説文：「穰，黍梨已治者。」「穰」原來是指已經打落掉黍粒的黍稈。即使引伸爲各種禾穀類的稿稈，它是從那裏來的呢？從上下文看，此時正是開闢區田的時候，不是收穫的時候，不能解釋爲收穫後把穰堆積在田間。如果是收穫後堆積的，也和區田不區田没有特殊關係。更重要的問題是，穰在這裏起什麼作用？這時正是整地待種的時候，只有用作肥料的一個用途。但是稿稈是乾枯的，埋在土中不能迅速腐爛，因此就不能及時地起着肥料的作用。而且緑肥腐爛時要消耗很多水分；區田法卻是針對乾旱環境設計的，不可能在播種前對埋在土中的乾枯稿稈，給以腐爛所需水分的足够的供應。所以穰在此時此地，不但毫無用處，反而添出許多障礙。其次，這裏有一個關鍵性的問題值得注意。氾書説：「嘗悉以一尺地積穰，不相受，令弘作二尺地以積穰。」如果穰是外來的稿稈，一尺地堆積不下，那末少用一些好了，爲什麼一定要放寬到二尺地來堆積它呢？可見這個所謂「穰」，必然是就地産生的，有一定數量的，而且是必須就地堆積，不能搬運到别處去的。這就不可能是稿稈，而應是開溝掘出來的土了。九章算術（古算書，漢初張蒼曾加删補）説：「穿地四，爲壤五，爲堅三，爲墟四。」這是説，掘地四尺深，掘出來的土堆鬆了有五尺厚，打堅了只有三尺厚。這裏是用「壤」字來指掘出來的鬆土的。又段玉裁注説文「壤」字説：「麇信云，齊魯之間，謂鑿地出土、鼠作穴出土皆曰壤。」可見我國本有把鑿地掘出來的土稱做壤的習慣。既然如此，氾書這裏的兩句就完全可以講得通了。這裏所説的溝間，比照下文「種禾黍於溝間」看來，應當解作溝内。把鑿溝掘出來的土仍舊堆積在溝内。溝與溝相去一尺，所以這種堆積的壤也是相去一尺。但是既然是掘鬆了，原來的一尺地就堆不下了，只可以堆到溝外去，那就是堆到溝與溝之間的土埂上去。兩邊放寬五寸就成爲二尺。土埂寬一尺，也剛巧可給兩旁的溝各五寸地來堆積壤。從以上這些論證，可見這三個「穰」字實是「壤」字的誤寫。「壤」和「穰」字形近似，也的確容易在輾轉傳抄中寫錯。因此特爲改正。

〔六〕各本要術都作「一溝容五十二株」。其中顯然有錯字。這一段區種麥，是緊接上文區種禾黍説的，既然没有説明町和溝的佈置有什麼變動，那就應當是同樣的。溝的面積既然一樣，溝内種禾二行，行間相去五寸，株間亦五寸，一溝可容四十四株。種麥令相去二寸一行，則一尺寬的溝可種五行(行與行相去二寸，二旁行去溝邊各一寸)，爲什麼一溝只有五十二株呢？而且種禾的行距五寸，株距也是五寸，照此類推，則種麥行距二寸，株距大概也是二寸；若照此計算，則一行剛巧可以安排五十二株(行長一〇五寸。五十二株中間有五十一個株距，共長51×2=102寸，加上兩頭株各距溝端一寸半，合共一〇五寸)。可見「溝」字是「行」字的誤寫。大概氾書因爲既然接着上文説來，只須説每行株數，就可算出每溝株數，所以没有再説一溝容多少株；也可能是賈氏爲了文字的簡潔，節删掉不必要説的每溝株數；但是後人輾轉傳抄，由于上文既説「一溝容四十四株」，就不知不覺地把這一句裏的「行」字也改寫成「溝」了。因此特爲改正。

〔七〕各本要術都作「一畝凡四萬五千五百五十株」。其中也有誤字。每溝種麥五行，每行五十二株，一溝容二百六十株；一畝三百六十溝，360×260=93,600株。上文所説一畝種禾的株數，比計算株數約少了九十株；照此類推，則這裏種麥的一畝株數也應當約有九萬三千五百五十株，這就是説，「四」是「九」字的誤寫，「五」是「三」字的誤寫，可能是在輾轉傳抄中因爲字形相近而誤寫的。這裏姑且照此改正。

〔八〕各本要術都作「一溝容九株」。這一「溝」字也是「行」字的誤寫。因爲株間相去一尺二寸，則行長一丈五寸，剛巧可容九株；每溝二行，剛巧一畝種六千四百八十株。

〔九〕文選卷五十三嵇叔夜養生論李善注引作：「上農區田，大區方深各六寸，相去七寸，一畝三千七百區。丁男長女治十畝，至秋收，區三升粟，畝得百斛也。」又後漢書劉般傳章懷太子注引作：「上農區田，大區方深各六寸，間相去七寸，一畝三千七百區。丁男女種十畝。至秋收，區三升粟，畝得百斛。中農區田法，方七寸，深六寸，間相去二尺，一畝千二十七區。丁男女種十畝。秋收粟，畝得五十一石。下農區田法，方九寸，深六寸，間相去三尺。秋收，畝得二十八石。旱即以水沃之。」按文選注引作「上農區相去七寸」是錯的，後漢書注引作「間相去七寸」，也是錯的；按照數目計算，應當是相去九寸，要術所引是對的。

〔一〇〕各本要術均作「區，方九寸」。後漢書注引作「方七寸」。按照數月計算，應當是九寸。因爲如果是七寸，則一個小方區加上區間空地是$(0.7+2尺)^2$，$1027區 \times (0.7+2)^2=7486.83$方尺，比一畝8640方尺少了1153.17方尺，四週空地勢必超過三尺寬，而區與區之間距離只有二尺，這是不合氾書所説區田佈置的通例的。若按區方九寸計算，則$(0.9+2尺)^2 \times 1027=8637.07$方尺，還稍小于一畝8640方尺，而四週空地已寬一尺強，剛巧合適。所以要術所説「區方九寸」是對的，後漢書注引作「方七寸」是錯的。

〔一一〕明抄及校宋本要術都作「相去二尺」，但金抄要術作「三尺」，後漢書注亦引作「三尺」。按照計算，應當是三尺。

〔二〕各本要術都作「用種六升」，這是錯的。按照上文所説計算：上農夫一畝三千七百區，區方六寸，實際播種面積是十三萬三千二百方寸，用種二升。中農夫一畝一千零二十七區，區方九寸，實際播種面積是八萬三千一百八十七方寸，用種一升。每方寸的播種密度，中農夫區比上農夫區較稀20%。下農夫一畝五百六十七區，區方九寸，實際播種面積是四萬五千八百二十七方寸，即使每方寸的播種密度和中農夫區相同，每畝也只須用種0.552升；如果比中農區較稀些，就只須用種半升。這六升也許是六合之誤，更可能是半升之誤，這裏姑且改爲半升。

〔三〕金抄、明抄及校宋本要術都作「區間草以利剗之」，這句不通。「利」當是「剗」字的誤寫，「剗」即「鏟」的古字，指用鏟來鏟去雜草。今通行本都作「以剗剗之」，是對的。漸西村舍本改作「以利剗剗之」，鏟本來應當是鋒利的，没有再加利字的必要。所以這裏亦定爲「以剗剗之」。

【注釋】

①我們已在前面第三節説過溲種法和區田法中所説的「糞種」完全是兩回事。氾氏在這裏説「教民糞種，負水澆稼」之後，接着説「區田以糞氣爲美，非必須良田也。」下文又説「區種粟二十粒，美糞一斗，合土和之。」可見這裏所説糞種的「糞」，應當主要是重用基肥，決不是煮骨汁調羊矢

蠶矢等溲附在種子上。因此我認爲這裏所説的「糞種」，譯成現代語，當應是「施肥下種」或「施肥種植」，不應當理解爲用所謂「糞種法」來處理種子。

② 漢以六尺爲步，二百四十方步爲畝，一畝有八千六百四十方尺；因此可以長十八丈，廣四丈八尺。隋唐有大小尺之分，小尺近似古尺，以小尺一尺二寸爲一大尺。量地用大尺，五大尺適等于六小尺，因此唐朝明文規定五尺爲步，二百四十方步爲畝。于是一畝只有六千方尺。沿用至今。

③ 荏即蘇子，子可榨油。

④ 胡麻即脂麻，今通作芝麻。

⑤ 在本書第一節注釋⑱中已經計算過，漢一畝收穫十石，等于現在一市畝收穫2.8875市石。百斛即一百石。一畝收穫百斛，合今一市畝收穫28.875市石。

⑥ 孟子萬章下：「一夫百畝。百畝之糞，上農夫食九人，上次食八人，中食七人，中次食六人，下食五人。」趙岐注：「一夫一婦，佃田百畝，加之以糞，是爲上農夫，其所得穀，足以食九口。」禮記王制：「制農田百畝。百畝之分，上農人食九人，其次食八人，其次食七人，其次食六人，下農夫食五人。」鄭玄注：「肥墽有五等，收入不同也。」可見上農夫、中農夫、下農夫等，是指土地本身的肥瘠説的。

⑦漢書食貨志説：「食，人月一石半，五人終歲爲粟九十石」，即是一人一年食粟十八石。按每人月食粟一石半，漢一石半約合今三市斗（$1.5\times1.996875=2.9953125$），約重四十市斤，出小米三十市斤，等于每人每日食小米一斤，也和事實相符。這裏所説「歲食三十六石」，顯然是兩個人一年的食用量。由此聯繫到上文「丁男長女治十畝」，也須理解爲兩個成年男女勞動力共種十畝區田。這種理解還可以找到旁證。漢書食貨志引鼂錯的話説：「今農夫五口之家，其服役者不下二人，其能耕者不過百畝，百畝之收，不過百石。」五口之家是漢時每户人數的約略平均數，根據漢書地理志所載元始二年（公元二年）郡國户口數計算起來，也是大致相符的。五口之中約有兩個全勞動力，即所謂「其服役者不下二人」，現在情況也大致如此。氾書所説「丁男長女」不是正和一家平均兩個全勞動力相符嗎？此其一。鼂錯所説「百畝」，是一百方步爲畝的畝，這是戰國至漢初一夫或一户所耕的標準數（亦即漢書食貨志所説「今一夫挾五口，治田百畝」），亦即兩個全勞動力能種的畝數。氾書所説是二百四十方步爲畝，一百舊畝等于 41.667 新畝（$\frac{100\times100}{240}=41.667$）。區田法每畝所需勞動力遠多于一般耕作法，説它四倍于一般耕作法，應當不是誇大的估計。這個也可以證明氾書所説是兩個全勞動力共種十畝區田。此其二。而且每人月食一石半，五個人一年已經要吃九十石，一百石的收穫除去食用後已經只剩十石；如果每

人每年要吃三十六石，五個人就要吃到一百八十石，一百石的收穫怎樣可以維持五人之家呢？

【譯文】

湯的時候有旱災，伊尹就創造區田法，教人民施肥下種，擔水來澆莊稼。

區田法依靠肥料的力量，並不一定要用好田。即使在高山上，丘陵上，靠近城鎮的高危陡陂上，以及土堆上，城牆上，都可作成區田。

區田不耕種旁邊的土地，以便盡量發揮區內的地力。

區田法不要先整地，在荒地上作成區就好了。

用一畝地作標準來説：使一畝地長十八丈，闊四丈八尺。把十八丈横分作十五町。町與町之間留下一尺五寸闊的人行道，共有人行道十四條。每町都是闊一丈零五寸，長四丈八尺。在每一町上，打直裏每隔一尺，鑿一條一尺闊的横溝，溝深也是一尺。把鑿溝掘出來的土堆積在溝裏，溝與溝相去也是一尺。用溝裏一尺地的全部來堆積掘出來的土，還是堆不下，就放寬到二尺地來堆積土。

禾或黍種在溝裏，順着溝種兩行。行和溝邊距離二寸半。行與行距離五寸。行内株距也是五寸。一溝共種四十四株。一畝合計一萬五千七百五十株。種禾或黍，使種子上覆蓋一寸土，不要超過一寸，也不可以少於一寸。

區種麥，行與行距離二寸，一行種五十二株。一畝合計九萬三千五百五十株。麥種上面覆蓋二寸土。

區種大豆，株距一尺二寸，一行種九株。一畝合計六千四百八十株。

區種荏，株距三尺。

區種芝麻，株距一尺。

區種法，在天氣乾旱的時候，時常用水澆灌，一畝通常可以收到一百斛。

上農夫的區，每區六寸見方，六寸深，區間距離九寸。一畝地内作成三千七百區。一個工作日可以作成一千區。每區種粟二十粒；用一升好糞，和土混合，作爲基肥。到了秋天，每區可以收穫三升粟，一畝可以收到一百斛。兩個成年的男女勞動力，可以種十畝，十畝共收一千石，兩人一年食用三十六石，可以維持二十六年。

中農夫的區，每區九寸見方，六寸深，區間距離二尺。一畝地内作成一千零二十七區。用種子一升。收獲五十一石。一個工作日可以作成三百區。

下農夫的區，每區九寸見方，六寸深。區間距離三尺。一畝地内作成五百六十七區。用種子一升。收穫二十八石。一個工作日可以作成三百區。

區裏生了草，要連根去掉。區間的草用鏟子鏟掉，或用鋤頭鋤掉。到了禾苗已經長大，不能拔草鋤草的時候，就用彎鉤形的鐮刀貼着地面把草割掉。

【討論】

區田法是古代一種成套的農田豐産技術。它最初見於氾勝之書，可能就是氾勝之總結多年來農民經驗而加以提高倡導的。

氾勝之書雖説「湯有旱災，伊尹作爲區田」，那不過是假借古代有「湯有七年之旱」的傳説而託名的。就商初的一般農業技術條件説，決不可能産生像區田法那樣先進的農田豐産技術。而且如果商時真有區田法，爲什麽甲骨文中没有絲毫影踪，先秦以至漢初的書籍中也從來没有提到過呢？

在這一節氾勝之書中，最使人迷惑而搞不清的是其中所説的數字，不容易計算清楚。有人説：「過去徐光啓、梅文鼎諸家，就齊民要術覆算氾書底各種描寫時，也都認爲數字有錯誤。」甚至説：「要是想在數字方面作考據，很可能得到徒勞無功的結果。後來許多關於區田的考訂，都已含有許多揣測的成分。」但是數字的覆核畢竟是比較可靠的，如果能算清楚，我們就可以依據它畫出區田佈置方式的圖來，使我們對於氾氏所説的區田法，得到比較正確的了解。我們必須打通這一關。

首先應當説明：徐光啓和梅文鼎雖是兩位算學大家，但徐氏在他的農政全書裏只是照抄了齊民要術所引這一節的氾勝之書，並没有作任何覆算，而且誤冠以「賈思勰曰」，更可見徐氏只是隨筆録下，連考核的念頭也没有動一動；梅氏的古算衍略中的區田圖刊誤，是針對王禎農書所載區田圖説的，王禎的區田圖和氾勝之書所説區田的佈置方式不同，完全是兩回事，梅氏也並没有指出氾書所説任何一個數字的錯誤。後來雖有許多關於區田的考訂，可惜並没有考訂氾書所説的數字。後人所畫的區田圖，大體上是和王禎農書所説區田屬於同一個系統的。不能把它們和氾書所説混爲一談。

其次當應記住：漢朝的畝法和後世不同。漢以六尺爲步，二百四十方步爲畝，一畝有八千六百四十方尺；唐以後改爲五尺爲步，二百四十方步爲畝，一畝只有六千方尺。王禎農書所説的區田，和王禎以後所有各家所説的區田及其所畫區田圖，都是以六千方尺爲一畝作基礎的。而氾勝之書中所有關於區田佈置的計算，都是以八千六百四十方尺爲一畝作基礎的。

氾書在這裏所説區田法，有兩種佈置方式。爲以後討論便利起見，現在代他起兩個名稱：一是帶狀區種法，二是小方形區種法。

現在先説帶狀區種法：把一畝長十八丈的田，橫分爲十五町。每町闊一丈零五寸。町與町之間有一尺五寸闊的人行道。十五町加上十四條人行道，合共十七丈八尺五寸，尚餘一尺五寸，可以在田邊各留七寸半闊的空地。若不留空地，則每町應當是一丈零六寸闊。町長四丈八尺（等於一畝田的寬度），每隔一尺開一條一尺闊、一尺深的溝，溝長等於町的闊度，即一丈零五寸或一丈零六寸。每町可開溝二十四條，一畝共可開溝三百六十條。把穀子或黍種在溝裏，每溝四十四株，分爲兩行，行間距離五寸，行旁距離溝邊二寸半，合共一尺，和溝闊一尺相符。行中株距也是五寸；每行二十二株，應當長一丈零五寸，和町闊一丈零五寸相符；若有一丈零六寸，則兩頭的植株可以有比較寬展的餘地。照此計算，則一畝共有一萬五千八百四十株（15町×24溝×44株=15,840株），比原文所説多出九十株，大概是準備田邊田角或因其他原因可能有缺株扣去的。現在用圖來表示整個佈置如第一圖。

緊接在這一段後面的是區種麥和區種大豆，其中没有説明町和溝的佈置有什麽變動，那就應當與種穀子或黍是同樣佈置的。所以根據這段區種麥的説明和上文聯系起來看，町和溝的劃分同上面所説的一樣，每溝種麥五行，行距二寸，行旁距離溝邊一寸；每行五十二株，株距二寸。整個佈置如第二圖。一畝共有九萬三千六百株；如果

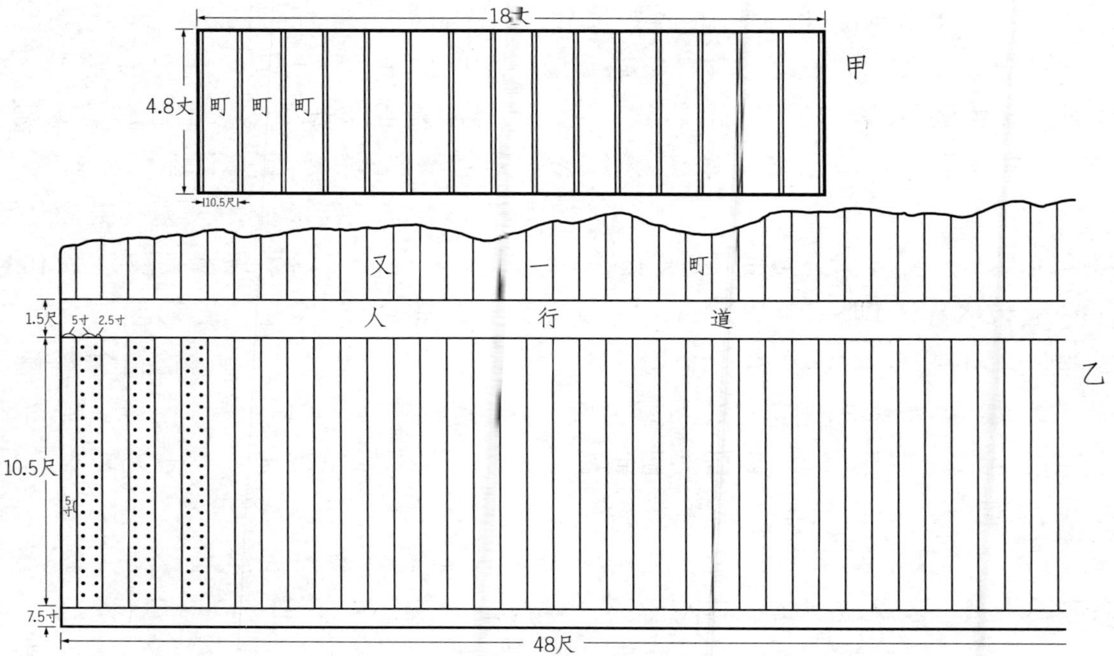

每町長4.8丈，鑿溝24條

第一圖　帶狀區種法佈置圖(一)：禾黍

甲　一畝十五町略圖　　乙　一町佈置詳圖的一角

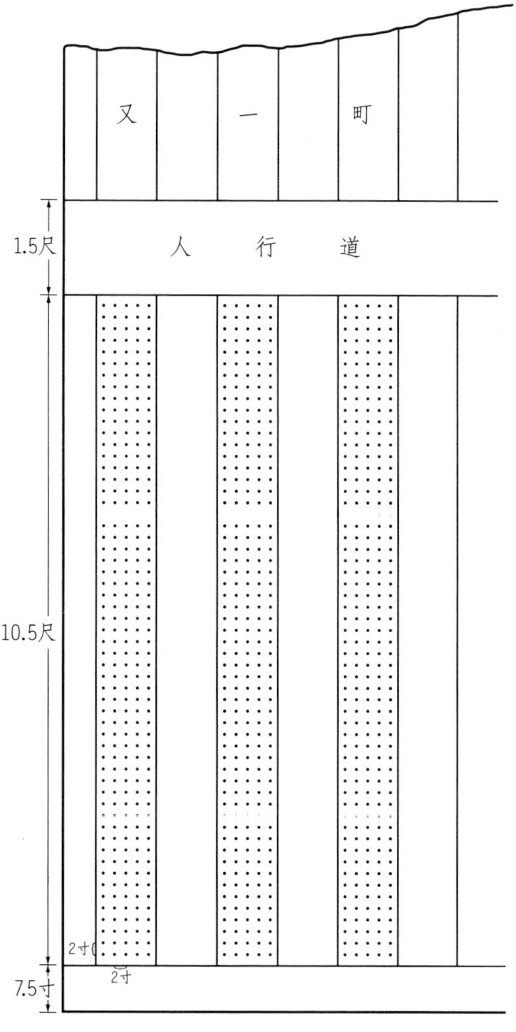

第二圖　帶狀區種法佈置圖(二):麥一畝佈置詳圖的一角

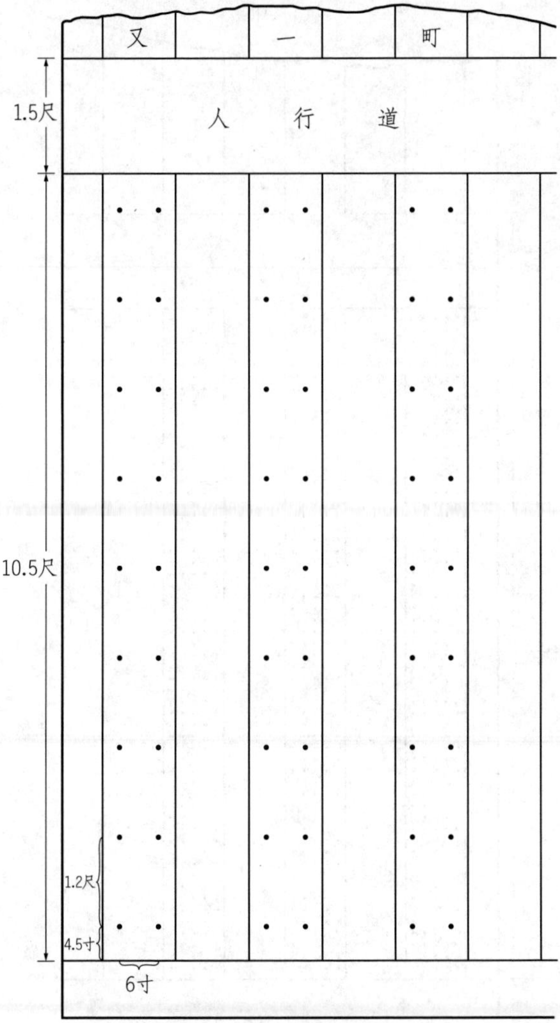

第三圖　帶狀區種法佈置圖(三):大豆一畝佈置詳圖的一角

也準備田邊田角或因其他原因可能有缺株而扣去五十株，則爲九萬三千五百五十株。

區種大豆，町和溝的劃分也和上面所説的一樣，每溝種豆二行，每行九株，行内株距一尺二寸。這裏没有説明溝内二行的行間距離，但是根據溝寬一尺説，我們可以推想大概是行間距離六寸，行旁距離溝邊二寸。整個佈置如第三圖。一畝共有六千四百八十株。

在以上這些核算中，我曾把原文改正了五個字，其中一個「尺」字改正爲「丈」，兩個「溝」字改正爲「行」，都是在原文本身有强有力的證據的，另外兩個數碼字也是根據推算的結果而改的（理由詳見校記〔三〕〔五〕〔六〕〔七〕）。這五個字改正後，基本上都可以計算清楚了。

次説小方形區種法：上農夫區，每區六寸見方，區與區之間距離九寸，一畝共有三千七百區。如果仍按一畝地長十八丈，闊四丈八尺計算，那末打直裏可以劃分一百二十個區〔120區×6寸+119個區間×9寸+2（兩端的空地）×4.5寸=1800寸〕，也可以用更簡單的算法算出，$\frac{1800寸}{6+9}=120區$〕；打横裏可以劃分三十二個區（$\frac{480寸}{5+9}=32區$）；一畝共可劃分三千八百四十個小方區（120×32=3840），比氾書所説多出一百四十區。但是我

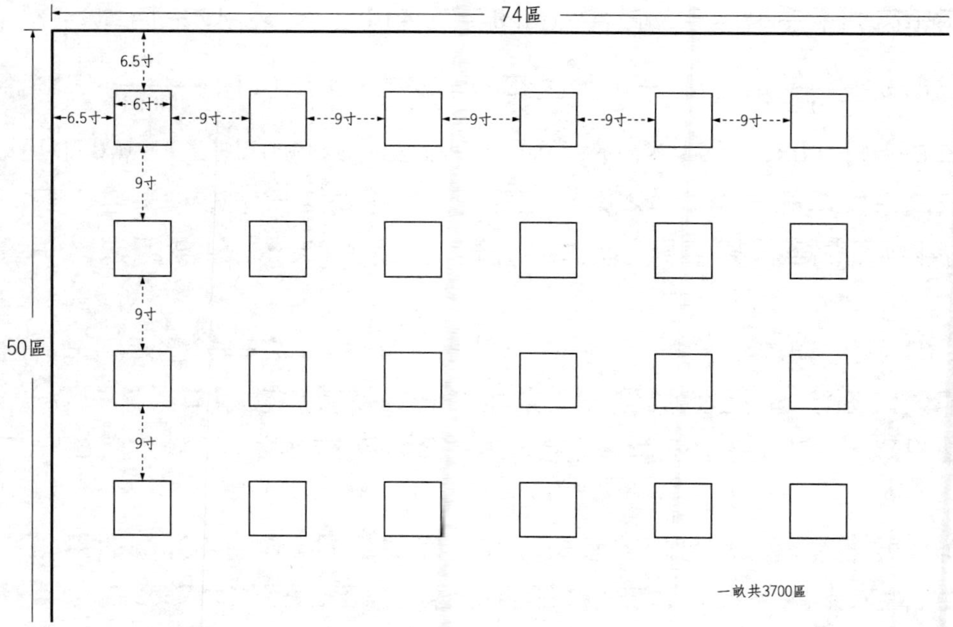

第四圖　小方形區種法佈置圖(一)：上農夫區

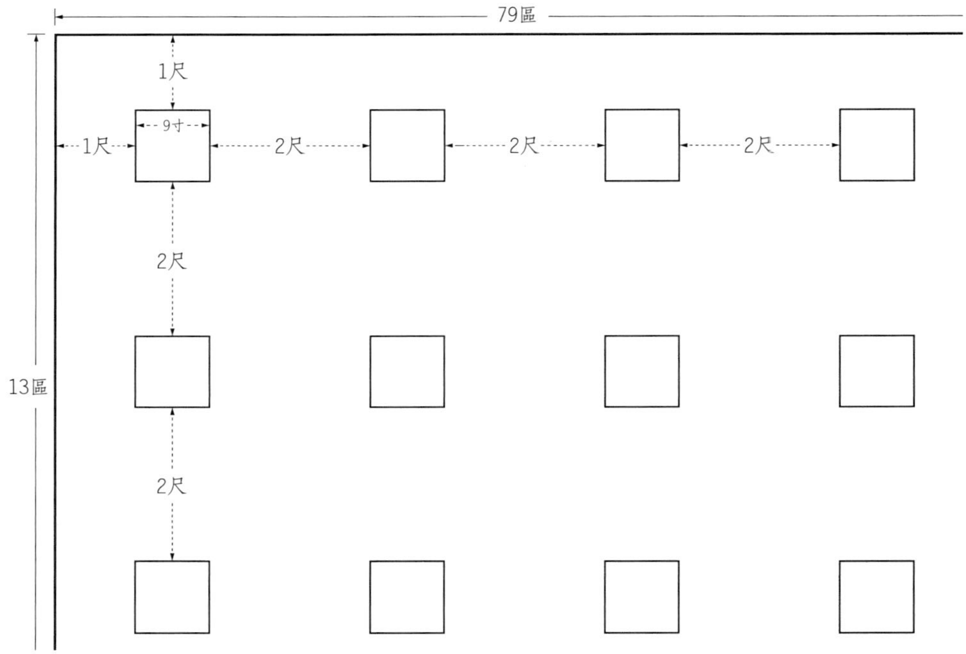

第五圖　小方形區種法佈置圖(二):中農夫區

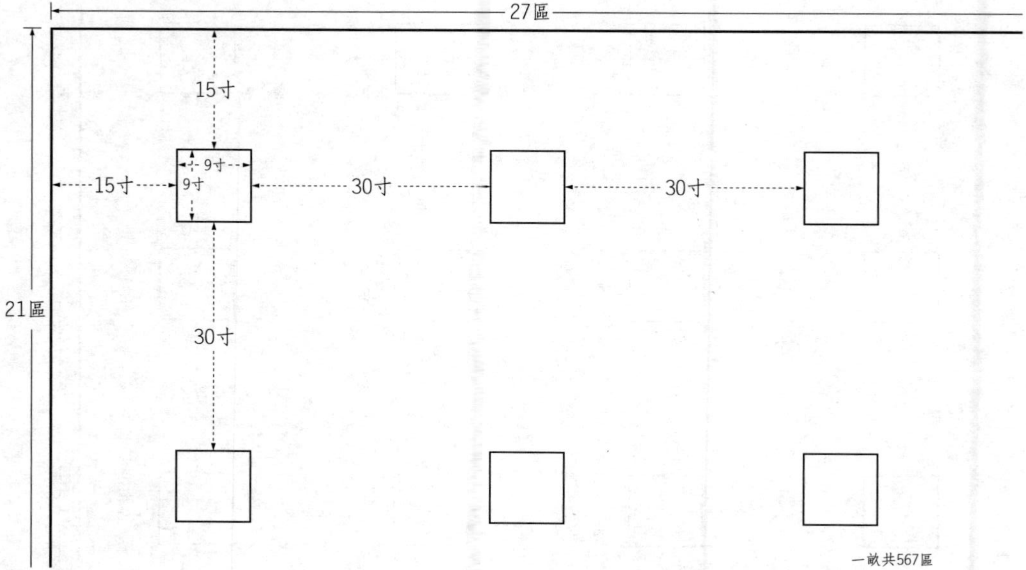

第六圖　小方形區種法佈置圖(三):下農夫區

們不可以這樣拘泥。一畝地長十八丈，闊四丈八尺，不過是爲了便於作帶狀區種法的佈置設計而定的，實際上田的形狀不一定是這樣；所以氾書説「令一畝之地，長十八丈，廣四丈八尺」，特地在前面加上一個令字。氾氏所説一畝三千七百區，只是舉出一個標準數。上面的計算，雖然多出一百四十區，但是四週空地只留四寸半，也未免太狹窄了。如果假定一畝地長十一丈一尺四寸，闊七丈五尺四寸强，則打直裏可以劃分七十四區，打横裏可以劃分五十區，一畝剛巧可以劃分三千七百個小方區，四週的空地還只有六寸半寬，也不能算太寬。這一種區田的佈置如第四圖。

中農夫區，每區九寸見方，區與區之間距離二尺，一畝共有一千零二十七區（79×13=1027）。如果一畝地長二十二丈九尺一寸强，闊三丈七尺七寸，則剛巧可以整齊地安排這一千零二十七個小方區，而四週空地有一尺寬，相當於區與區之間距離的一半。它的佈置如第五圖。自然，一畝地的形狀很少是這樣狹長方形的，我們不必拘泥，氾氏所説只是一個標準數。

下農夫區，每區九寸見方，區與區之間距離三尺，一畝共有五百六十七區（27×21=567）。如果一畝地長十丈五尺四寸，闊八丈一尺九寸强，則剛巧可以整齊地安排這五百六十七區，而四週空地寬一尺半强，微多於區與區之間距離的一半。它的佈置如第六圖。這裏氾氏所説也只是一個標準數。

我們再把上中下地的每畝標準區數比較研究一下：

第二表　小方形區種法上中下農夫區每畝各區及區距所佔面積合計

上農夫區	（0.6+0.9 尺）^{2} × 3700 區 =8325 方尺	少於一畝面積 215 方尺
中農夫區	（0.9+2 尺）^{2} × 1027 區 =8637.07 方尺	少於一畝面積 2.93 方尺
下農夫區	（0.9+3 尺）^{2} × 567 區 =8624.07 方尺	少於一畝面積 15.93 方尺

以上所説少於一畝面積的方尺數，即是没有包含在上述計算内的餘地。這種餘地有兩種出路：地畝的形狀不一定是方形或長方形的，每邊長短也不一定能合於區及區間尺寸數的規劃，很可能有畸零劃不成區的；如果遇到最適合於這些區數安排的長方地畝，可以把這些餘地計算在地畝四週所留的空地裏。即使就第二種情況説，四週空地的寬度，在中農夫區和下農夫區，仍是相當於區間距離的一半，多出的極有限；上農夫區多出二寸（約合今市尺的一寸四分），但上農夫區的區間距離只有九寸，比九寸的一半多出二寸，還只有六寸半，並不怎樣寬。由此可見，氾氏的計算是扣得很緊的，也是相當精密的。

從以上的討論看來，氾書這一節所説的數字，是經得起覆算的，完全可以核對清楚的。

爲什麽要這些不同的佈置方式呢？那是爲了適應不同的土地情況。帶狀區種法只能用於平地。小方形區種法可以用於斜坡。上農夫區用於較好的土地，中農夫區及下農夫區用於較壞的土地，這種好壞的區别，不僅是肥瘠問題，也許更重要的是使用管理的難易，所以上農夫區可以一日作千區，中農夫區只能一日作三百區，下農夫區一日作二百區。

其次，我們要研究一下這些區種法的播種密度，以及和播種方式有關的問題。現在把上面所説的每畝株數，都折算爲每市畝株數，列表如下：

第三表　幾種區種法的每畝株數

	每漢畝株數	折合每市畝株數
帶狀區種法：粟或黍	15,750	22,773
麥	93,550	125,266
大豆	6,480	9,370
小方形區種法（上農夫區）粟	74,000	106,998

根據上面的計算，小方形區種法的粟的播種量，合每市畝十萬粒以上，比現在一般所用的播種量多得多。粟的帶狀區種法，每市畝二萬二千七百七十三株，和現在各地的習慣差不多；但是它的帶狀佈置，每帶兩行，以及植株在行内的等距、全苗，使每株都有適當的生活空間，促進分蘖，在充分利用地力，因而可得較高的單位面積産量這一點上，還是比現行一般習慣好得多。

小麥的帶狀區種法，相當於播幅八寸（漢8寸=18.48公分=5.544市寸），幅内五行，株行距各二寸（=1.386市寸），幅與幅距離一尺二寸（=8.316市寸），每市畝十三萬五千二百六十六株，比現在的一般習慣密得多。而且區種法要求全苗而有一定的株行距，也比現在的疏密不一而多缺株的好得多。

這種帶狀佈置，根據現代植物生理學的研究，在利用日光這一點上還有一種特殊好處。植物在夏季對於日光的吸收利用率，以上下午日光斜照時最强，到了中午温度很高時，光合作用在事實上已經停止。所以帶狀佈置使播幅與播幅之間有較寬的距離，和今日寬窄行條播法一樣，使植株在行列間有較多的接觸斜照日光的機會，因而提高對日光的吸收利用率，亦即提高植物體内的有機養分的産量而導致豐收。若是植株行列是南北行的，尤其合於理想，不但可以充分利用上下午的斜照日光，而且行列中的各

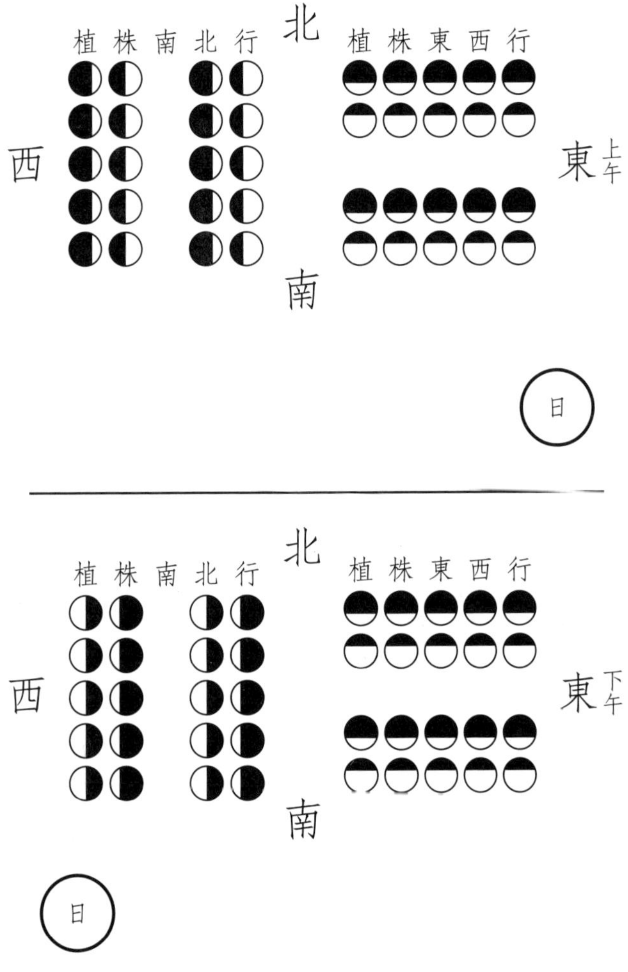

第七圖　寬窄行條播及其行列方向與日光照射的關係

個植株，可以有接觸斜照日光的均等機會，不致像東西行那樣的會有偏枯不匀的弊病（參看第七圖）。小方形區種法也有較充分地吸收利用日光的長處，但是上農夫區的實際播種面積的百分率，已經遠不及帶狀區種法多，總的吸收利用量可能較少些。

區種法是播種在長條的溝內或小方形的區內的。這是區種法的一個特點。實際情況怎樣？必須加以研究。氾書所說溝深一尺，區深六寸，種禾黍於溝内或區內，很容易使人誤會溝内或區內的土面是比地平面低下去一尺或六寸的。如果是這樣，鑿溝掘出來的土堆向那裏去呢？把較肥的表土去掉，而把作物種在一尺以下的心土上，也是不合理的。所以實際情況應當是：在溝的範圍以內，把土掘鬆到一尺深，掘鬆的土仍舊堆積在溝內，即氾書所說「積壤於溝間」。但因土被掘鬆後，體積增加，如果完全堆積在溝的範圍以內，勢必高出於地面很多，那就變成高畦，和乾旱地區需要保墒而不需要排水的要求是抵觸的；所以必須把掘出來的鬆土的一部分，堆積到溝旁的土埂上，這就是氾書所說「嘗悉以一尺地積壤，不相受，令弘作二尺地以積壤」。這樣做的結果，可能有意識地做到使堆到土埂上面去的鬆土高於溝內土面，使溝的範圍以內仍舊成爲低畦。作小方形區的方法大概也是這樣。這種低畦的溝或小方形淺穴的區，便於接受澆灌的水，同時又能減低土中水分的蒸發量，就很適合於乾旱地區的要求了。

此外，我們還須注意：區田法⑴重視施肥，開頭就説「區田以糞氣爲美」；⑵注重水的供應，强調「負水澆稼」、「天旱常溉之」；⑶注重除草，區裏和區與區之間的雜草都隨時細緻地去掉。

而且區田法是針對乾旱環境設計的。在乾旱環境中，晴天多而陰雨少，這就給光合作用準備了有利條件，使作物常有充分的製造有機養分的機會，因而可以産生較多的和較充實的種子。

總結以上所説，區田法的佈置要求「等距」、「密植」、「全苗」；帶狀的佈置便於日光的充分利用，乾旱環境的晴天多而陰雨少，又給以利用日光的便利；土壤的掘鬆，比較深而細緻（帶狀區種法掘到一尺深，合今七市寸，小方形區種法的深度較差）；低畦或淺穴便於保墒；充分施肥；經常而及時地充分供應水；經常注意徹底除草。由於這一系列的合理規劃和精細而周到的操作，區種法的所以能够獲得高額豐收，是可以理解的。

兩千年來，區田法的非常高額的豐産目標，一畝收穫一百石，不斷吸引人去加以試驗或推行。賈思勰在齊民要術説：「西兖州刺史劉仁之，老成懿德，謂余言曰，昔在洛陽，於宅田以七十步之地，試爲區田，收粟三十六石。然則一畝之收，有過百石矣。」近來石聲漢教授在他的論文從齊民要術看中國古代的農業科學知識中也說:「依古今度量衡制度的差異折算起來,氾書所提出的產量額也是可以達到的。」我們在上面曾經説過,區田法確實有獲得高額豐收的可能。但是能不能達到一畝收穫一百石呢?我們還得實事求是地檢查一下。

現在先把氾書所説的每畝產量,並折算爲每市畝市石數,列表如下:

第四表　幾種區種法的每畝產量

	每漢畝產量(漢石)	折合每市畝市石數
帶狀區種法:粟	100	28.875
麥	100	28.875
小方形區種法:粟(上農夫區)	100	28.875
粟(中農夫區)	51	14.726
粟(下農夫區)	28	8.085

每市石粟約重一百三十五市斤上下,今假定爲一百三十五市斤,則每市畝產粟三千八百九十八市斤(28.875石×135斤=3898市斤)。每市石小麥約重一百四十五市斤上下,今假定爲一百四十五斤,則每市畝產小麥四千 百八十七市斤(28.875石×

145斤=4187市斤）。每市畝産粟三千八百九十八市斤，産小麥四千一百八十七市斤，都遠遠超過最近幾年全國的最高豐産記録，大于這些記録二至三倍。這是不是可能呢？

我們還可以從理論上計算一下。蘇聯小麥先進生産者以争取每平方公尺上有一千個穗爲目標（豐産模範 Ефремов 實際達到八百至九百個穗）。根據上述每市畝小麥十三萬五千二百六十六株計算，每平方公尺合二百另三株，加上有效分蘖也不容易達到一千個穗。每穗粒數，現在一般只有二十多粒，三十多粒已經算是較好的，我國古老傳説就以麥穗六十粒爲難能可貴，要一畝地裏的麥穗平均達到六十粒，在現在仍是困難的。我國小麥的千粒重，一般不到三十公分，蘇聯現在豐産者要求千粒重不少於三十七至三十八公分，實際也間有重到四十公分以上的。我們假定區田法全都可以達到這些最高標準，即每平方公尺一千穗，每穗六十粒，千粒重四十公分，那就每平方公尺産小麥二千四百公分（$\frac{1000\times 60}{1000}\times 40=2400$公分），也就是4.8市斤。折合爲每市畝産量，應是三千六百市斤（$\frac{6000}{9}\times 4.8=3600$市斤）。用這樣一系列的理想標準來計算，還只能達到每市畝三千六百市斤，比區田法豐産標準還少了五百八十七市斤，或14%强。因此，我們不得不説，氾氏在二千年前的技術條件下，把每畝産量提到這樣高，是非常誇大了的。

小方形區種法的每畝實際播種面積，即使在上農夫區，也只有一千三百三十二方尺，佔一畝總面積的15.42%，比帶狀區種法的實際播種面積少得多；雖然粟的播種量比較多，但是分佈不如帶狀區種法那樣地均匀，因此每畝産量似乎還不能趕上帶狀區種法。氾書説每畝用種二升，可收一百石，收穫量比種子量倍了五千倍，也就是每粒種子平均要産出五千粒。這是不是可能呢？也不妨從理論上檢查一下。粟的穗長，種子多，如果植株有適當的生長地盤和充分的肥料和水的供應，分蘖加多，一棵植株是不難産生五千粒以上的種子的。問題在於二十粒種子下在六寸見方（合今4.158市寸見方）的小區裏，能不能讓它們有足夠的餘地來加多分蘖，使每區能産生出十萬粒（20×5000）種子呢？這很成問題。事實上恐怕很少可能。

中農夫區的産量標準，比上農夫區幾乎降低了一半。但是每畝的實際播種面積（831.87方尺，佔一畝總面積的9.63%），也只相當於上農夫區的62.46%，土地又是較差的，而産量仍高至折合每市畝産粟14.126市石，約重一千九百八十八市斤，還高於近年全國的最高記録，可見也是非常誇大的。

下農夫區的産量，完全是按照它和中農夫區每畝區數的比例推算出來的（因爲都是九寸見方的區，所以可按區數的比例推算，如：

中農夫區　　下農夫區　　中農夫區畝産

$$1072 : 567 = 51石 : x,\quad x=\frac{567\times 51}{1027}=28.35石,$$

去掉小數，就是氾書所説的一畝收二十八石），所以也同樣是非常誇大的。

也許有人會懷疑我把古今度量衡的折合率搞錯了，才會得到上述的結論。我不得不在這裏附帶説幾句。現存商鞅量和王莽銅斛的度和量完全相同，近代出土的晚周尺、漢尺及歷史上記載的周尺、漢尺也和銅斛尺相等或極近似。根據這些實物量得：

漢尺 1 尺＝23.1 公分。

又王莽斛銘説：「積一千六百二十寸」，即是説，一斛的容積等於一千六百二十立方寸。有了這兩個數據，我們就可以毫厘不爽地算出漢畝折合今市畝，和漢斛或石折合今市石的折合率了。這些折合率是有充分的實物根據的。

總之，氾氏所説區田法中的一系列技術要點是基本上合理的，確實可以藉此獲得高額豐收的；但是氾氏所説的每畝産量，提高到「畝收百斛」的標準，顯然是非常誇大了的。

氾氏的這種豐產目標的提法，可能出於兩種原因：首先是氾氏大抵只是根據一種理想的目標推算，不是根據實踐結果的。例如上農夫區一畝三千七百區，每區收粟三升，這三升的收穫量實是一種理想標準（也許氾氏曾在小區試驗而獲得近於三升的收穫，但不是大田實踐的平均數），根據這一理想標準計算，3700區×3升=11,100升，去掉零數就是一百石。又如下農夫區的產量，更加明白地透露出，是從中農夫區的產量推算出來的；而中農夫區的產量，也有從上農夫區的產量約略推算後，加以相當折扣而得來的痕跡。其次是氾氏故意把豐產標準誇大了一些，使富有鼓動作用，以利於他的區田法的推廣。

後世一般所說的區田，已不是氾勝之的原樣。王禎農書說：「按舊說，區田地一畝，闊一十五步，每步五尺，計七十五尺，每行佔地一尺五寸，該分五十行；長一十六步，計八十尺，每行一尺五寸，該分五十三行；長闊相折，通二千六百五十區。空一行種一行。於所種行內，隔一區種一區。除隔空外，可種六百六十二區。每區深一尺，用熟糞一升，與區土相和。布穀勻覆，以手按實，令土種相著。苗出看稀稠存留，鋤不厭頻，旱則澆灌。結子時，鋤土深壅其根，以防大風搖擺。古人依此布種，每區收穀一斗，每畝可收六十六石；今人學種，可減半計。」王禎所指舊說是什麼？也許是金的辦法（金曾一再强制推行區田法）。它的佈置，類似氾勝之的小方形區種法，但有四點不同：⑴氾氏所説有上農夫區、中農夫區、下農夫區的分別，區的大小和區間距離各不相同，而王氏所説已簡化爲一種。⑵氾氏所説是每區六寸或九寸見方，王氏所説則爲每區一尺五寸見方，而且元尺大於漢尺（漢1尺=23.1公分，元1尺=31.公分左右），所以每一個小方區的面積，比氾氏原樣擴大了五倍（$\frac{(3.15\times15)^2}{(2.31\times9)^2}=5.17$）至十一倍以上（$\frac{(3.15\times15)^2}{(2.31\times6)^2}=11.62$）⑶王氏所説區與區之間的距離，比氾氏原樣縮小了很多；也就是説，王氏所説的實際播種面積，比氾氏原樣擴大了很多；氾氏的實際播種面積佔一畝總面積的百分率是：上農夫區爲15.42%，中農夫區爲9.63%，下農夫區爲5.30%，而王氏所説的實際播種面積，則已增加至24.83%（$\frac{662\times1.5^2}{6000}\times100=24.83$）。⑷氾氏所説是按照八千六百四十方尺爲一畝設計的，王氏所説是按照六千方尺爲一畝設計的。

此外還有一點必須特別指出：王氏所説的區田，只是承襲了氾氏的小方形區種法而加以若干改變，對於氾氏的帶狀區種法完全沒有提到。王禎以後的人所説的區田，又都是參照王禎所説的區田佈置來説的。因此，人們一談到區田，就聯想到棋盤式的小方塊的佈置，而不知道氾氏還有帶狀區種法。

在現在農民的實踐中，雖没有區田法的名稱，但是有些方法是和區田法暗合或類似的。例如山東掖縣的窩麥法[二]，用犁開溝，寬約六寸（區田法寬一尺，合今七市寸），溝距六至七寸（區田法溝距一尺，合今七市寸），種麥在溝内，每粒種子相隔四至五分距離（區田法株行距二寸，合今1.4市寸），加上充分施肥和多次澆水，每畝可收四五百斤到六七百斤以上。這方法實際上和氾氏的帶狀區種法很相像。又如山東勞模田曰香種穀子[三]，先用耬在耬脚上綁脚底開溝，溝距一尺六寸，溝寬三寸多，種穀在溝内，種後用鋤攤平溝底，定苗時採用三角形定苗，株距二至三寸，加上施肥充足和及時地多次灌水，一九五二年每畝收一千二百零三斤，創造了這一年華東區的最高紀録。這方法也是和氾氏的帶狀區種法類似的。

氾氏的區田法原是產生在乾旱環境中的，種在溝内就是爲了利於澆水和保墒，而且還爲了要適應高危傾坡上的採用，同時創作了一種小方形區種法的佈置。由於它的操作精細，再加上「負水澆稼」，每畝地要花費非常多的勞動力，所以爲了節省不必要的勞動力，就須「不耕旁地，庶盡地力」；同時爲了需要充分施肥和不斷澆水，也必須集中施用於必要的地點，而「不耕旁地」。既然這樣，看起來就很像園藝式的栽培法。

但是它的關鍵性的要點在於「等距、密植、全苗」和施肥充足，澆水及時，以及其他精密的田間管理；而區田的佈置方式，只是針對不同的土地條件，採用不同佈置方式來體現這些關鍵性的要點。後人把它簡單化爲一種一律的小方塊佈置，甚至固執着以爲這樣才是區田，就不免近於拋棄精華而留其軀殼了。如果不拘泥於它的形式，而抓住它的關鍵性的要點，那末像山東的窩麥法和田曰香同志的種穀了法，實在是符合氾氏區種法的原理的；同時也並不妨害使用畜力甚至進一步的機械化的。

在氾氏以後，推行、試驗和討論區田法的資料是相當多的，十九世紀趙夢齡曾編有區種五種，最近王毓瑚教授又加以整理擴充爲區種十種。此外還有一些散見在別的書上的。關於這些史實、議論以及農民實踐中暗合區田法的，説起來未免話長，超出本書所允許的範圍，只可留待以後另寫專文討論。

〔二〕詳見中央農業部所寫「我國農民的偉大創造——膠東『窩麥』栽培法」，見一九五二年九月七日人民日報。

〔三〕詳見華東農林部一九五三年編印的「廣饒縣田曰香農業生產合作社一九五二年穀子豐產經驗（草稿）」。

五、禾〔一〕①

種禾無期〔二〕，因地爲時。三月榆莢②時雨，高地强土③可種禾〔三〕。小豆忌卯④，稻麻忌辰，禾忌丙，黍忌丑，秫忌寅未，小麥忌戌，大麥忌子，大豆忌申卯。凡九穀有忌日，種之不避其忌，則多傷敗，此非虚語也。其自然者，燒黍穰則害瓠〔四〕。

稙⑤禾，夏至後八十九十日⑥，常夜半候之，天有霜若白露下，以平明時，令兩人持長索相對，各持一端，以槩⑦禾中，去霜露，日出乃止。如此，禾稼五穀不傷矣。

穫不可不速，常以急疾爲務。芒張某黄，捷穫之無疑。

穫禾之法，熟過半斷之〔五〕。

【校記】

〔一〕此節輯自要術卷一種穀第三。

〔二〕各本要術都作「種無期」，類聚及御覽所引都有「禾」字（類聚誤寫爲「木」字），兹爲補入。參看校記〔三〕。

〔三〕御覽卷九百五十六「榆」引作：「種禾無期，因地爲時。三月榆莢雨時，高地强土可種禾。」又卷八百三十九「禾」引文同，但「雨」「時」二字顛倒。類聚卷八十八「榆」引文亦同，但二「禾」字都誤寫爲「木」字，又御覽卷二十「春下」及初學記卷三注引作：「三月榆莢雨，高地强土可種禾。」事類賦卷四注引文同，但「禾」字誤作「秫」。御覽卷八百二十三「種殖」引文亦同，但「雨」字下多一「時」字。以上這些引文，除文字稍有出入外，大體是相同的，作「雨時（或時雨），高地强土可種禾。」各本要術都作「時雨膏地强可種禾」顯然有脱誤，兹據御覽等改正。

〔四〕御覽卷八百二十三「種殖」引作：「種小豆忌卯，稻忌辰，禾忌丙，黍忌丑，麻忌辰，秫忌未寅，小麥忌戌，大麥忌子，大豆忌甲。凡九穀忌日，不種之，避其忌，不可敗傷。諸事忌禁日，此非空言也。其道自然，若燒黍穰則害瓠也。」又卷八百三十七「穀」引作：「小豆忌卯，稻麻忌辰，禾忌丑，秫忌未，小麥忌戌，大麥忌子。」

〔五〕此句在金鈔和明鈔本都另行抬頭，可能不是氾書原文。

【注釋】

①禾即現在所説的粟，俗稱穀子，去殼曰小米。禾本是粟的專名，後來也用作穀類的共名，南方也

指稻爲禾；但古代所説的禾，特别是漢以前，一般都是指穀子。齊民要術稱爲穀。

②榆樹在三月前後先結莢，後生葉。榆莢是一種翅果，亦稱榆錢，嫩時可食。

③强土一般指較堅硬的粘質土，參看本書第一節注釋⑥⑦。

④我國古代用干支記年月日時，這裏所説的卯、辰、丙、丑等，指記日的天干或地支。

⑤古代稱早穀子爲稙，亦曰稙禾；晚穀子爲穉，亦曰穉禾。

⑥夏至後九十日是秋分節。秋分之前爲白露，秋分之後爲寒露，寒露之後爲霜降。

⑦槩是用作推去斛面高出的米尖的小横木。這裏用作動詞，指用索子平掠過禾苗的上端。

【譯文】

種穀子没有固定的日期，看各地情況來決定播種的日期。三月，榆樹結莢的時候，遇着下雨，就可以在高地的强土上種穀子。

小豆忌卯日種，稻和麻忌辰日種，穀子忌丙日種，黍忌丑日種，秫忌寅日和未日種，小麥忌戌日種，大麥忌子日種，大豆忌申日和卯日種。這九種穀都有忌日，如果下種的日子不避開忌日，就會遭到損傷失敗。這不是假話。這是一種自然的道理，好比燒黍的稿稈會使葫蘆受到損害一樣。

早穀子，過了夏至以後八十到九十天，時常要在半夜裏留心伺候，如果有霜或白露下來，便在快天明時，叫兩個人相向拿着一條長索子的各一端，在穀子上面平括過，括去霜或露水，直到太陽出來才停止。這樣，可以使莊稼五穀不受傷害。

收穫不可以不迅速，經常要抓緊時間，做得快。穀子的芒張開了，葉子變黄了，就須趕快收割，不可遲疑。

收穫穀子的方法，只要成熟的超過一半就收割。

【討論】

禾是古代北方的主要糧食作物。齊民要術裏仍把種穀篇放在糧食作物的最前列，論述也最詳。本節字數較少，那是因爲大部分關於禾的資料，已經編入前幾節了。

各地氣候不同，所以作物的播種不能有一律的固定日期。古人早就看到這一點，所以常常用其他植物生長發育的現象等來指示適當播種時期或其他農事操作。

九穀忌日的説法是毫無道理的。陰陽五行原是樸素的唯物主義；但到戰國後期已有人把因果迷信的説法攙雜進去，漢朝更是盛行。氾勝之也深受這種迷信説法的影響。但古代也早就有人不信這一套。齊民要術在抄録這一段氾書原文後，就在其下作小注說：「史記曰，陰陽之家，拘而多忌，止可知其梗概，不可委曲從之。諺曰，以時及澤，爲上策也。」這就是說，不必顧慮忌不忌，還是抓緊適當時節和土壤濕潤適度的時候來播種，才是上策。

早霜會傷害穀子。但露水是不是有害，還值得考慮。可能由於露水的積集，會使禾苗容易遭受某些病蟲害。露水本身在植物生理上是無害的。

六、黍〔一〕

黍者暑也①，種者必待暑。先夏至二十日〔二〕，此時有雨，彊土可種黍。一畝三升。

黍心未生，雨灌其心，心傷無實。

黍心初生，畏天露。令兩人對持長索，搜去其露，日出乃止。

凡種黍，覆土鋤治，皆如禾法；欲疎於禾〔三〕。

【校記】

〔一〕此節輯自要術卷二黍穄第四。

〔二〕初學記卷二十七「五穀」引作：「黍者暑也，種必除暑，先夏至三十日。」

〔三〕御覽卷八百二十三「種殖」引作：「黍者暑也。未生心，天雨灌其心，必傷無實。初種時天霧，令兩人對持長索，戞去其露，日出乃止。種黍覆出，鋤治如禾法，欲稀於禾。」又卷八百四十二「黍」引作：「黍者暑也，種必待暑。先夏至二十日，此時有雨，强土可種黍，畝三升。黍心未生，雨灌其心，心傷無實。凡種黍皆如禾，欲疏於禾。」

【注釋】

①「黍」字是象形字。但是通例是先有言語而後有文字，也就是先有表示某一事物的聲音，然後創造出代表這一事物的文字的字形。所以字音對於事物的所以這樣命名的原因是有重要關係的。古人作名物的訓詁，早就注意到這一點。漢朝劉熙的釋名，就充分利用了這一方法。「黍者暑也」，也是利用這一方法的一個例子。

【譯文】

「黍」字帶有「暑」的意義，所以種黍一定要等到暑天。夏至以前二十天，這時如果有雨，强土上就可以種黍。每畝地用種子三升。

黍在没有抽穗以前，如果被雨水灌進了苗心，花序受傷，就不能結實。

黍在孕穗時怕露水。叫兩個人相向拉着一條長索子，括去苗心上的露水，直到太陽出來才停止。

種黍時，培土鋤草等操作，都和種穀子的方法相同。黍要比穀子種得稀些。

【討論】

露水本身應當是無害的。爲什麼必須「搜去其露」？值得考慮。

氾氏主張黍疎於禾。賈思勰不贊成，他在齊民要術照抄氾書這一條後，就在其下作小注說：「疏黍雖科而米黄，又多減及空。今概雖不科而米白，且均熟不減，更勝疏者。氾氏云，欲疏於禾，其義未聞。」科指分蘖多。減指黍粒不飽滿。稀植的黍雖然分蘖多，但是一個植株體内的養料，尤其是水分，往往不够供應較多黍穗的需要，因此有些黍粒就不能長得飽滿，甚至有空粒子。密植的黍分蘖少，抽穗少，穗上黍粒得着較充分的養料和水分的供應，都能成熟飽滿。而且養料和水分的供應充足的，黍粒内的澱粉較多，米色也就會較白些；反之，就較黄些。賈氏所説是對的。不過其中還有一些曲折，需要補充説明一下。

黍苗出土到抽穗，大概需要三十天，密植可以較早封閉地面，抑止地面水分的蒸發，在土壤裏保留較多的水分。稀植的則地面有較長時期的暴露，又值夏季天熱，地面水分蒸發很盛，土壤因此比較乾燥。另一方面，稀植的分蘖多，而根系並没有相同比例的擴大，根部吸水能力和葉面蒸騰之間的剪刀差不免擴大。若遇乾旱，不但穗子較多的分不到足够的水的供應，葉子還要和種子競争水，種子競争不過葉子。種子内水還會倒流出去，甚至種子内已有的澱粉也會變做糖輸送出去；這樣，種子當然不能飽滿，甚至有空粒子了。如果雨水較多，或加以灌溉，而且施肥充足，情況就不一樣。不過氾氏所處的是乾旱地區。大概古來習慣，直到氾氏當時，是黍疏於禾的。賈氏所説已是向前進了一步。

七、麥〔一〕

凡田有六道①，麥爲首種。種麥得時無不善。夏至後七十日，可種宿麥②。早種則蟲而有節，晚種則穗小而少實。

當種麥，若天旱無雨澤，則薄漬③麥種以酢漿④并蠶矢，夜半漬，向晨速投之，令與白露俱下。酢漿令麥耐旱，蠶矢令麥忍寒。

麥生黄色，傷於太稠。稠者鋤而稀之。

秋鋤以棘柴⑤耬⑥之，以壅麥根。故諺曰：「子欲富，黄金覆。」黄金覆者，謂秋鋤麥曳柴壅麥根也。至春凍解，棘柴曳之，突絶⑦其乾葉。須麥生復鋤之。到榆莢時，注雨⑧止，候土白背⑨復鋤。如此則收必倍。

冬雨雪止，以物輒藺⑩麥上，掩其雪，勿令從風飛去。後雪復如此。則麥耐旱、多實。

春凍解，耕和土，種旋麥⑪。麥生根茂盛，莽〔二〕⑫鋤如宿麥〔三〕。

區種麥，區大小如上〔四〕農夫區。禾收，區種。凡種一畝，用子二升；覆土厚二寸，以足踐之，令種土相親。麥生根成，鋤區間秋草。緣以棘柴律⑬土壅麥根。秋旱，則以桑落時澆之。秋雨澤適，勿澆之。春〔五〕凍解，棘柴律之，突絶去其枯葉。區間草生鋤之。大男大女治十畝。至五月收，區一畝。得百石以上，十畝得千石以上。

小麥忌戌，大麥忌子，除日不中種⑭。

【校記】

〔一〕此節輯自要術卷二大小麥第十。

〔二〕明抄要術作「莽」，是「莽」字的俗寫。金抄要術作「苿」，是爲錯字。

〔三〕御覽卷八百二十三「種殖」引作：「凡山種麥爲首。傷於太稠者，鋤而稀之。秋以鋤，以棘柴曳之，以壅麥根。故曰：『子將欲富，黄金覆土。』至春凍解，棘柴曳之，絶其乾葉。到榆莢雨時，候土白，復鋤。如此收必倍。冬雨雪止，掩雪，勿令從風飛去；後雪復如此；麥能旱、多實。春凍解，耕和土，種遊麥；麥生成茂大，鋤如宿麥也。」又卷八百三十八「麥」引作：「凡田六道，種麥爲首。子欲富，黄金覆。謂曳柴壅麥根也。夏至後七十日，寒地可種宿麥。」「麥早種而蟲有節，晚種穗小而少。麥種以酢漿，無蟲。冬雪止，掩其雪，忽從風飛去，則麥耐旱。」

〔四〕各本要術都作「如中農夫區」，這個「中」字當是「上」字的誤寫。因爲：(1)上文種粟「丁男長女治十畝，十畝收千石」（見本書第四節），是指上農夫區説的；這裏的「大男大女治十畝，……十畝得千石以上」，文字很相像，也應當是指上農夫區的。(2)上農夫區一畝收小麥一百石的豐産標準，等于每市畝收28.875市石，約重四千一百八十七市斤，已經非常誇大了的；中農夫區的每畝實際播種面積，比上農夫區少了許多，要達到一畝收一百石，更不可能。(3)反過來說，中農夫區種粟的産量，差不多只抵上農夫區的一半，按照這種比例説，如果中農夫區種小麥能畝收一百石以上，上農夫區應當可以收到二百石，合今每市畝收小麥八千市斤以上，更是不近情理。(4)如上文（本書第四節）所説，中農夫區是針對較差的土地條件設計的，所以産量標準差不多減低一半；這裏既然要求最高的産量標準，不應該採用針對較差的土地條件的設計，應當採取上農夫區的設計。因此，我們把這一「中」字改正爲「上」字。

〔五〕各本要術都作「麥凍解」，這「麥」字當是「春」字的誤寫。因爲(1)上文所説「至春凍解，棘柴曳之，突絶其乾葉」，和這裏的「麥凍解，棘柴律之，突絶去其枯葉」，文義和措辭相同，事實上是指春天解凍時，應當説「春凍解」，説成「麥凍解」是不妥的。(2)麥的行書體「麥」，字形和春字相近，容易在傳抄時誤寫。因此特爲改正。

【注釋】

①「凡田有六道」，指的是什麽？没有找到説明或任何參考資料。就緊接着的下文「麥爲首種」看

來，「六道」大概是指一年中的作物生長時期可分先後六期，麥是其中最先種的。但是現在北方普通只分夏收、早秋、晚秋三期；就播種時期説，就是秋播、春播、夏播。就氾書所説各種作物的播種時期來研究，把它們挨次編排起來，也排不出六個時期；能够明顯地看到的只有三個時期。就齊民要術所説的來研究，也是同樣情形。難道是這三個時期又各分早晚嗎？不知道氾氏的原意究竟怎樣。

②宿麥即冬麥，秋季種下，苗在田間過冬。漢書武帝紀元狩三年：「遣謁者勸有水災郡種宿麥。」顔師古注：「秋冬種之，經歲乃熟，故云宿麥。」又多年生草本植物，冬季莖枝枯萎，根留土中，亦稱宿根。

③「薄」有微薄、輕薄、淺薄的意思，「薄漬」指少許浸漬一下。下文説「夜半漬，向晨速投之」，也説明浸漬的時間不長。

④周禮酒正：「辨四飲之物，一曰清，二曰醫，三曰漿，四曰酏。」鄭玄注：「漿，今之截漿也。」孫詒讓正義説：「云『漿今之截漿也』者，鄭内則注亦云『漿，酢截』。説文水部漿，西部截，並云『酢漿也』。漿即漿之正字。釋名飲食云：『漿，將也，飲之寒温多少與體相將順也。』廣雅釋詁云：『酪、截、醇，漿。』案漿截同物，纍言之則曰截漿，蓋亦釀糟爲之，但味微酢耳。内則又有醷，注以爲梅漿，蓋亦截漿之别。此漿内通含之矣。賈疏云，此漿亦是酒類，截之言載，米汁相

載，漢時名爲截漿也。」按酢即古醋字。漿在漢代指含有米糟的一種近似酒的飲料，微有酸味，所以亦稱酢漿。

⑤說文：「棘，小棗叢生者。」即酸棗，亦稱樲棘。此外又有白棘、馬棘。方言：「凡草木刺人，江湘之間謂之棘。」禮記月令季冬之月，「乃命四監，收秩薪柴」，鄭玄注：「大者可折，謂之薪。小者合束，謂之柴。」所以這裏所說「棘柴」，是指扎成束的酸棗樹枝。或多刺灌樹枝，大概和竹掃帶的功用差不多。

⑥齊民要術種瓜篇：「先臥鋤耬却燥土。」即是說，把燥土耙去。今魯東對于耙動土面，仍有把土耬一耬的說法。又常州方言，從竈下耙出灰，亦稱耬灰。所以這裏耬字是把土耙耬堆向一邊的意思。

⑦「突」有觸動的意思，如言衝突。又左傳襄二十五年「宵突陳城，遂入之」，杜預注：「突，穿也」。「突絶其乾葉」，大概是指穿刺枯葉，使它從麥苗上斷絶而脱離出來。

⑧「注雨」指大雨，如流水灌注那樣的大雨。

⑨土濕時顏色較深；土面乾燥時則顏色較淡，接近白色。齊民要術也說：「秋耕待白背勞。」今魯東土語仍有白背這一名詞。

⑩「藺」即蹂躪的躪字，是踐踏鎮壓的意思。

⑪旋麥即春麥。「旋」有隨即的意思。春麥當年種，當年收，不像宿麥那樣在田間過冬，所以稱做旋麥。齊民要術三十一廣志説：「旋麥，二月種，八月熟，出西方。」也是指春麥。

⑫「莽」有鹵莽、莽撞的意思。「莽鋤」，大概是指粗率地快快鋤。

⑬「律」大概也是耙耬的意思。

⑭「除日」指逢除的日子。邢雲路古今律麻考卷三十六「建日」條説：「建、除、滿、平、定、執、破、危、成、收、開、閉，終而復始。交節後，各以月支爲建。故節日與上日同名。」月支，指陰曆每月所建的十二辰，如正月建寅、二月建卯之類。節日，指二十四節氣中的十二個節日，如立春爲正月節，驚蟄爲二月節之類。這一條的意義是：建、除、滿、平等十二個字，挨次循環配合在日子上，但是每逢節日，和前一天的字重復一次，節日後的逢月支的那天是建日。解放前舊曆書上每日都載有這一套字。例如是一九三九年舊曆書，正月十六日是驚蟄節，十五日是閉日，節日重複一次，所以十六日仍是閉日。但是驚蟄已經是二月節，二月建卯，驚蟄後的卯日是正月十七日和二月十一日，這兩日都是建日。又如二月十七日是清明節，十六日是執日，所以十七日仍是執日；但清明已是三月節，三月建辰，清明節後的辰日是二月二十四日和三月初六日，這兩日都是建日。史記載漢武帝時聚會占者七家，辯訟不決，内有建除家。這十二個字，就是建除家所創造的建除十二神，配在日子上，用來判斷日子的吉凶的。解放前在民間還有流傳很廣的口

訣：「建滿平收黑，除危定執黄，成開皆可用，破閉不相當。」造房子上樑，就要選擇黄道吉日。這完全是迷信的説法。「中」是可以的意思。今河南口語中，往往用「中」或「中啊」來表示贊同或可以的意思。「除日不中種」，指逢除的日子不可以種麥。

【譯文】

田間作物的播種時期，一年中可以分做六次，麥是最先種的。在適當的時節種麥，没有不好的。夏至後七十天，就可以種冬麥。如果種得太早，會遭到蟲害，而且會在冬季寒冷以前就拔節。種得太晚，會穗子小而子粒少。

到了應當種麥的時候，如果天旱，不下雨，地裏没有足夠的墒，就用酢漿調合蠶矢，浸漬麥種；半夜裏放進去浸漬，快天明時趕快種到地裏，使種子和露水一起下到地裏。酢漿使麥耐旱，蠶矢使麥耐寒。

麥苗顯出黄色，是過於稠密所引起的傷害。麥苗過於稠密的，用鋤頭鋤稀些。

秋天鋤麥後，拖着棘柴耙耬，把土壅在麥根上。所以諺語説：「子欲富，黄金覆。」（按即是説：你想發財，黄金覆蓋。）「黄金覆」，是指秋天鋤麥後拖着棘柴向麥根壅土。到了春天解凍時，用棘柴在麥上拖過，把枯葉子拉斷去掉。等到麥苗回青時，再鋤。到榆樹結莢時，如遇大雨，雨停止後，等待地面乾到現出白色時，再鋤。這樣做，收穫一定加倍。

冬天下雪，雪停止後，就用東西在麥上鎮壓，把雪掩蓋堅實，不讓它隨風吹掉。以後下雪，再照樣做。那末麥就能夠耐旱，多結種子。

春天解凍時，把土耕得鬆和，種下春麥。麥苗生根茂盛的時候，像鋤冬麥一樣地粗率地快快鋤。

麥的區種法：區的大小，和「上農大區」一樣。穀子收割後，區種麥。每一畝，用二升種子。在種子上面，蓋二寸土，用脚踏實，使種子和土接近。麥苗的根長好之後，鋤掉區間的秋草。沿着區的邊緣，用棘柴耙土壅在麥根上。秋天乾旱，在桑樹落葉子的時候澆水。如果秋天有雨，地裏有墒，就不要澆水。春天解凍時，用棘柴耙過，把枯葉拉斷去掉。區間長了雜草，要鋤草。兩個成年的男女勞動力，種十畝區田，到五月裏收穫時，每畝可以收到一百石以上，十畝收到一千石以上。

小麥忌戌日種，大麥忌子日種。逢隙的日子不可以種麥。

【討論】

這一節前半雖然只有二百多字，但是内容豐富而具體。除掉所説「田有六道」，不知是怎樣的六道，和爲什麽漬麥種要用酢漿，需要試驗證實外，幾乎句句都是寶貴的經驗與真理。

關於冬麥的播種時期：氾氏所説「早種則蟲而有節，晚種則穗小而少實」，説得很是簡單扼要。若種得太早，麥苗出來時大氣還熱，害蟲還在活躍，麥苗就難免受到蟲害。而且生長過早，經過晚秋時節可能有的短期低温而轉暖後，會在冬寒來到之前就拔節。這時候拔節很不好，經不起冬季的嚴寒，會影響來年的正常生長與成熟。但是如果種得太晚，麥苗的盤根分蘖受着限制，苗還弱小時就碰上嚴寒，開春復青後的生長也因此受到影響，到了成熟時自然要穗小而粒少。

早種、晚種都不行，一定要在適當的時候下種，但是北方比較乾旱，在應當種麥的時候，「若天旱無雨澤」，怎麽辦？氾氏的補救辦法是，用酢漿調合蠶矢，浸漬麥種三四小時後，趁天明前有露水時種下地去。這一辦法也相當合理。酢漿中含有少量酒精和有機酸，對於種子或土壤反應有没有特殊作用，還待試驗研究。至少用酢漿浸漬後，可使麥種在播種前預先吸收到相當水分，蠶矢也吸足水分，趁露水最多的時候一同下到地裏，麥種就因此得到發芽所需的水分」。而且蠶矢及時地供應幼苗所需要的養料，使幼苗迅速生長，根系向外分佈。根系分佈較廣後，就較能耐旱。迅速的生長使麥苗壯健，也就較能耐寒（參看本書第三節討論的最後一段）。

此外如麥苗發黄是因爲過於稠密，要鋤稀些。秋季用棘柴向麥根壅土，有保墒、保暖等作用。冬季防止雪的被風吹走，在北方乾旱地區特别重要；那裏降水量少，而且時常春旱，儘量使雪水入土，對於麥收有重大影響。長江流域的雪容易融解入土，即使遇着較長時期的寒冷，也會因爲部分融解後又結冰，使雪變成堅塊。北方的雪不容易融解，常是乾燥疏鬆的，又常有大風，極易被風吹跑，所以雪後必須鎮壓，才可以保留住。春季解凍時，用棘柴耙去枯葉，同時也多少可以使地面的硬殼破碎，它的功用相當於我們近年來所提倡的春耙。秋鋤、春鋤、雨後鋤，以及大雨後等待土壤稍乾而土面現白色時再鋤。這些都是適當的，而且大多數是必要的。

氾氏曾在關中平原教導農業，而且晉書食貨志還説，由於他的教導，使關中的麥獲得豐收。兩方面結合着看，氾氏對於種麥，的確具有豐富的先進經驗與心得。

氾書提及春麥，關中地區一般是不種春麥的。這可能是現存最早的關於春麥的記載。

關於區種麥，可以結合着本書第四節的討論來看，這裏没有需要特别討論的。不過其中有這樣一句，「禾收，區種」，指出另外一件重要事實，在穀子收穫後種麥，這是一種輪栽制度，也説明那時至少有一部分田地已經是一年兩熟。前於氾書兩個世紀的呂氏春秋任地篇説：「今兹美禾，來兹美麥。」後於氾氏一個世紀的鄭衆注周禮稻人説：「今謂禾下麥爲夷下麥，言芟刈其禾，於下種麥也」；又注薙氏説：「又今俗間謂麥下爲夷下，言芟夷其麥，以種禾豆也。」這些也幫助着證明那時已有輪栽和一年兩熟制。但是必須説明：這並不是説那時黄河流域已經普遍實行了輪栽和一年兩熟制，只是説那時已經有部分田地實行了這種制度。二年三收制在今日華北還是很盛行；還有一年一熟的所謂「曬暵麥」，近年雖已迅速減少，但是還有。

八、稻〔一〕

種稻，春凍解，耕反其土。種稻區不欲大，大則水深淺不適。冬至後一百一十日可種稻。稻地美，用種畝四升。始種稻欲温，温着缺其堘①，令水道相直；夏至後大熱，令水道錯〔二〕。

三月種秔稻，四月種秫稻。

【校記】

〔一〕此節第一段輯自要術卷二水稻第十一，第二段輯自證類本草。證類本草卷二十六「稻米」説：「唐本注云（按指唐本草注）：……氾勝之云，秔稻秫稻，三月種秔稻，四月種秫稻。」爾雅翼卷一「稻」也説：「氾勝之云，三月種秔稻，四月種秫稻。」

〔二〕御覽卷八百二十三「種殖」引作：「種稻，春凍解，地氣和時耕。冬至後百三十日種大稻時也。」又卷八百三十九「稻」引作：「稻種，春凍解時，耕反其土。種稻區不欲大，大則水深淺不遍。冬至後百一十日可種稻。地美者，用種畝四㪷。」

【注釋】

①「塍」即「塍」字，亦作「畻」、「堘」，音乘。說文「塍，稻田中畦埒也」，段玉裁注說：「集韻、類篇、宋本作『稻中畦也』，今本及文選注作『稻田畦也』，韵會作『稻中畦埒也』，今合訂之如此。畦，五十畝之介也。埒者，庳垣，亦所以爲界。稻田中作介畫以蓄水，取義於此。謂之塍必言稻中者，禾黍不必爲此，惟稻必蓄水以養之。周禮稻人『以遂均水，以列舍水』，鄭曰：『遂，田首受水小溝也。列，田之畦埒也。……開遂舍水於列中。』按『列』讀如『遮迾』之『迾』，非人所行之畛陌也。許鄭說正同。今四川謂之田繩子，江浙謂之田緪，緪亦繩也。」按田緪今通作田埂，即稻田四週的土埂。

【譯文】

種稻，春天解凍時，把土耕翻。種稻的區不要大：大了，田內的水會深淺不適當。冬至後一百十天，可以種稻。好田一畝，用種子四升。稻苗初種時，需要温暖些。這時，把田埂上所開的兩個缺口，上下相對地開在一條直線上，使水局部地在這一直線上通過，就可以保温。夏至以後，水曬得太熱，就該使水流的方向錯開，使田中的水温降低。

三月種粳稻，四月種糯稻。

【討論】

這裏所説用控制水流來調節水温的方法，值得特别注意。稻田裏的水是淺的，容易因日光的照射而提高温度。山澗、水塘或渠道裏的水，温度一般會比較低些。如果讓外面的水放入田裏，换去田裏原有的水，田裏的水温會顯著地降低。因此，在稻田通過水流的時候，特别是在有些梯田，繼續不斷地從較高田坵往較低田坵灌注着水，如果在田埂上開的進水口和出水口安排在田的一邊的一條直線上，那末水流在田的一邊通過，田裏原有的水牽動較少，水温就較能保持；如果把進水口和出水口錯開，使水流斜穿過田面，那末田裏原有的水就較多較快地被推動着放出去，而被放進來的水所代替，田裏水温就會顯著地下降了。這就是氾氏所説用「水道相直」來保温，和用「水道錯」來降温的道理。爲了幫助説明起見，再繪圖表示如第八圖。

北方是種稻較少的地區，但是氾氏在二千年前已經能够總結出這樣的觀察精到和設計巧妙簡便的經驗，不能不令人聯想到那時的農業技術水平已經相當高，而且也可以想見水稻在北方已經有很久的歷史。

由此也可以推想那時北方，特别是關中一帶，可能已經有梯田或梯田的萌芽。

甲　水道直

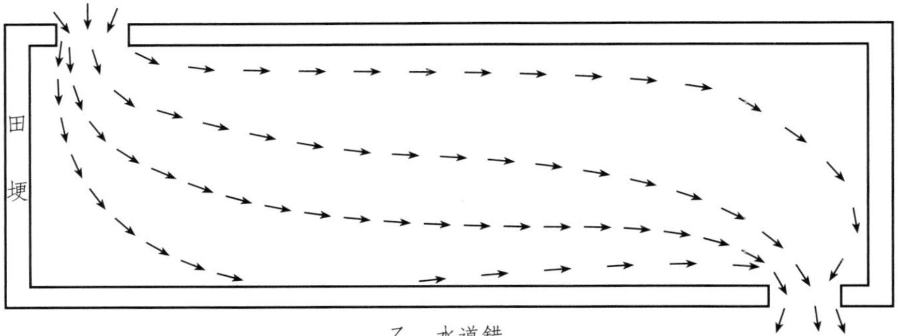

乙　水道錯

第八圖　稻田控制水流以調節水温的方法

九、稗〔一〕

稗既堪水旱，種無不熟之時，又特滋茂盛，易生蕪穢。良田畝得二三十斛。宜種之備凶年。

稗中有米，熟時擣取米炊食之，不減粱米①；又可釀作酒〔二〕。

【校記】

〔一〕此節輯自要術卷一種穀第三。在末句下還有如下的雙行小注：「酒勢美釅，尤踰黍秫。魏武使典農種之，頃收二千斛，斛得米三四斗。大儉可磨食之（明抄及一般通行本都作『也』字，金抄作『之』字，御覽亦引作『之』字，『之』字較勝，兹從之）。若值豐年，可以飯牛馬猪羊。」

〔二〕御覽卷八百二十三「種殖」引作：「稗，水旱無不熟之時，又特滋盛，易得蕪穢。良田畝得二三十斛，宜種之以備凶年。又稗中有米，熟時可擣取炊之，不減粢米。又可釀作酒。武帝時，令典農種之，一頃收二千斛，斛得米三斗。大儉可磨食之。」爾雅翼卷八引文同御覽，惟「一頃收二千斛」誤作「一頃收二十斛」。按漢武帝時没有典農，後漢書中始載有「光武拜粱騰典農都尉」。又魏志説：「典農都尉，校尉，曹公置。」漢末連年荒歉，也正是需要種稗救荒的時候。魏武指曹操，亦即所謂曹公。因此要術雙行小注中所説「魏武使典農種之」是對的。氾勝之比曹操早二百多年，不可能有這種記載。這個注顯然不是氾勝之書的原文，大概是要術作者所加的附注。御覽把它混入正文，並把魏武改作武帝，是錯的。

【注釋】

① 粱米，即上等美好的小米。三蒼：「粱，好粟也。」國語晉語「夫膏粱之性難正也」，韋昭注：「膏，肉之肥者；粱，食之精者。」晉書文苑伏滔傳：「夫生乎深宫，長於膏粱。」可見粱米在古代是統治階級所吃的好米。

【譯文】

稗既然能夠忍受大水和乾旱，種下去没有不能成熟的年歲，而且特别能蕃殖、茂盛，容易生長在多雜草的田地裏。好田一畝可以收到二三十斛。應當種稗來防備遇着荒年。

稗子裏面有米，成熟時擣出米來，炊成飯來吃，比得上粱米。還可以釀成酒。

【討論】

稗是稻田裏不容易除掉的雜草。難除的雜草，總是適應性很强的，所以「種無不熟之時，又特滋茂盛，易生蕪穢。」

稗中雖然有米，但是太小，去殼難，米質差，而且成熟先後不齊，容易落粒。後兩點增加它的生存競争力量，但這正是作爲作物的大缺點。因此它一直没有成爲正式作物。現在也不值得提倡。

一〇、大豆〔一〕

大豆保歲易爲，宜古之所以備凶年也。謹計家口數，種大豆，率人五畝，此田之本也。

三月榆莢時有雨，高田可種大豆。土和無塊，畝五升；土不和，則益之。種大豆，夏至後二十日尚可種。戴甲①而生，不用深耕。種之上，土纔令蔽豆耳〔二〕。厚則折項，不能上達，屈於土中而死〔三〕。

大豆須均而稀。

豆花憎見日，見日則黄爛而根焦〔四〕也〔五〕。

穫豆之法，莢黑而莖蒼，輒收無疑；其實將落，反失之。故曰，豆熟於場。於場穫豆，即青莢在上，黑莢在下。

區種大豆法：坎②方深各六寸，相去二尺，一畝得千二〔六〕百八十坎。其坎成，取美糞一升，合坎中土攪和，以内坎中。臨種沃之，坎三升水。坎内豆三粒；覆上土，勿厚，以掌抑之，令種與土相親。一畝用種二升，用糞十二〔七〕石八斗。豆生五六葉，鋤之。旱者溉之，坎三升水。丁夫一人，可治五畝。至秋收，一畝中十六石。

【校記】

〔一〕此節輯自要術卷二大豆第六。

〔二〕此句「種之上，土纔令蔽豆耳」，原在下文區種大豆法的最後面；放在那裏很不自然，上下文不連貫。移至此處，則可以把問題説得比較明白些。

〔三〕御覽卷八百二十三「種殖」引作：「大豆保歲易爲，宜古之所以備凶年也。大豆生，戴甲而出。種土不可厚。厚則折項，不能上達，屈於土中而死。」末一句不見于要術所引。此句解釋爲什麽覆土不可厚的道理，可以藉此看到氾氏的立論根據，因此特爲補入。

〔四〕各本要術及御覽都作「根焦」，但不可通；「根」字可能是「枯」字的誤寫。

〔五〕御覽除上述卷八百二十三所引外，尚有卷八百四十一「豆」引作：「大豆保歲易爲，宜古之所以備凶年也。種大豆，率人五畝。大豆忌申卯。三月榆莢時雨，高田可種大豆。夏至後二十日尚可種。小豆不保歲難得。宜椹黑時種，畝五升。豆生布葉，鋤之；生五六葉又鋤之。治養美田，畝可得十石。一斗大豆有萬千粒。」「夏至二十日可種豆。帶甲而生，不用深耕。豆花憎見日，則黄爛而根焦矣。知歲所宜，以囊盛種，平量，埋陰地，冬至後五十日，以發取量之，最多者種焉。」

〔六〕各本要術都作「一畝得千六百八十坎」，其中「六」字當是「二」的誤寫。因爲要得這麽多的坎，一畝須大到一萬一千三百五十六方尺八十方寸。[$(0.6+2尺)^2 \times 1680坎 = 11356.8$方尺]。實際一畝只有八千六百四十方尺，超出了二千七百十六方尺八十方寸(2716.8方尺)，這是不可能的；一畝地無論如何放不下這許多坎。錯誤的發生，只有兩種可能，一是坎數寫錯了，二是坎與坎之間的距離寫錯了；坎的六寸見方是不會錯的，因爲氾書説「坎方深各六寸」，如果錯在「六」字，必須改爲二寸七分弱，才差不多相符，但是深二寸七分，合今市尺還不到二寸($0.693 \times 2.7 = 1.8711$市寸)，太淺了。下文有一畝「用糞十六石八斗」，每坎用糞一升，一千六百八十坎正是須用糞十六石八斗，似乎坎數不會錯。但是如果錯在坎與坎之間的距離，把二尺改爲一尺，則一畝地可作三千三百七十五坎($\frac{8640}{(0.6+1)^2} = 3375$)，相差太多；改爲一尺二寸，一畝地還可以作二千六百六十六坎；改爲 尺六寸，一畝地還可以作一千七百八十五坎；必須把二尺改爲一尺六寸七分弱，才是大致相符。但是不可能把一尺六寸七分誤寫爲二尺，而且也不會把坎距規定到分位。若説錯在坎與坎之間的距離，也是不合理的，不可能的。那末錯誤只有發生在坎數了。按照坎方六寸，坎距二尺計算，則一畝地約可作一千二百八十坎，合八千六百五十二方尺八十方寸[$(0.6+2尺)^2 \times 1280坎 = 8652.8$方尺]，比一畝八千六百四十方尺多出十二方尺八十方寸(12.8方尺)。只要坎到田邊的距離縮短三分四厘多，就可以了；縮短後仍有九寸六分六厘（9.66 寸）弱，並不狹窄，和坎與坎之間距離的一半相差有限，那是完全可以的。這個數字既然這樣的湊巧，所以「千六百八十坎」中的「六」字顯然是「二」字的誤寫。因此特爲改正。

〔七〕各本要術都作「用糞十六石八斗」，這是和上文「一畝得千六百八十坎」相呼應的。千六百八十坎既然是千二百八十坎的誤寫，這十六石八斗也應當改正爲十二石八斗。兹亦特爲改正。

【注釋】

① 戴甲，指豆芽伸出地面戴着豆殼。

② 凹下的地方叫做坎。坎在這裏就是指小方形區種法的區，參看本書第四節。

【譯文】

大豆保證有收穫，容易種，宜乎古人種它來預防荒年。小心地計算家裏的人口，按照每人五畝的標準來種大豆。這是種田人家的根本大事。

三月，榆樹結莢的時候，遇着雨，可以在高田上種大豆。土壤鬆和無塊的，一畝用五升種子；土壤不鬆和的，要增加播種量。夏至後二十天，還可以種大豆。豆發芽後，種子内的兩片子葉頂着豆殼伸出地面來，所以不可以耕種得太深。種子上面的土，只要剛剛遮蓋住種子就夠了。如果覆土太厚，苗莖就會被逼着在土中屈曲，没有力量穿過土層，伸出地面，死在土中了。

大豆的株間距離，要均匀而稀疏。

大豆開花時，豆花怕見太陽；豆花見到太陽，就會黄爛枯焦。

收穫大豆的方法，豆莢發黑而豆莖還是青色的時候，就須收穫，不必遲疑。遲了，種子將要脱落，反而造成損失。所以俗話説：「豆熟於場。」在打穀場上收穫豆，就是上部的豆莢還是青色，下部豆莢已經發黑時，就收回來讓它們在場上成熟。

區種大豆的方法：每坎（即每區）六寸見方，六寸深，坎與坎之間距離二尺，一畝可以有一千二百八十坎。把坎掘好後，每坎用好糞一升，和坎中掘出來的土拌和，仍舊放在坎裏。將要下種的時候，澆水，每坎三升水。每坎種下三粒豆；蓋上土，土不要厚，用手掌按實，使種子和土接近。一畝用二升種子，用十二石八斗糞。豆苗長出五六片葉子時，鋤地。乾旱的時候，澆水，每坎三升水。一個男勞動力可以種五畝。到秋收的時候，一畝可以收到十六石。

【討論】先説區種大豆法。這裏是採用小方形區種法佈置的。每坎（即區）六寸見方，坎與坎之間距離二尺，一畝可作一千二百八十坎，也像本書前面在第四節裏所説的一樣，只是一個標準數。40×32=1280；如果一畝地長10.393丈强，闊8.313丈强，則打直裏可以安排四十坎，打横裏可以安排三十二坎，一畝剛巧可以整齊地安排下一千二百八十坎；坎和田邊距離九寸六分六厘（9.66寸）弱，比坎距二尺的一半只短了三分多。這種區種法的佈置如第九圖。

區種大豆法，一畝可收十六石，合今每市畝收穫四市石六市斗二市升（4.62市石）；若每市石重一百五十市斤，則每市畝可收六百九十三市斤。這在今天仍是豐産。不過這一豐産目標是容易達到的，不像氾書所説區種粟和麥的豐産標準的那樣誇大。

除區種法之外，這一節所説，有下列五點值得注意或討論一下：

(1)大豆能保證有收穫，古人還有意地種它來預防荒年。漢書食貨志所説「種穀必雜五種，以備災害」（大豆是五穀之一），可以和氾氏所説對照。

(2)氾書説每人要種五畝大豆，那末五口之家要種到二十五畝。漢書食貨志引鼂錯的話説：「今農夫五口之家，其服役者不下二人，其能耕者不過百畝。」這是根據一百

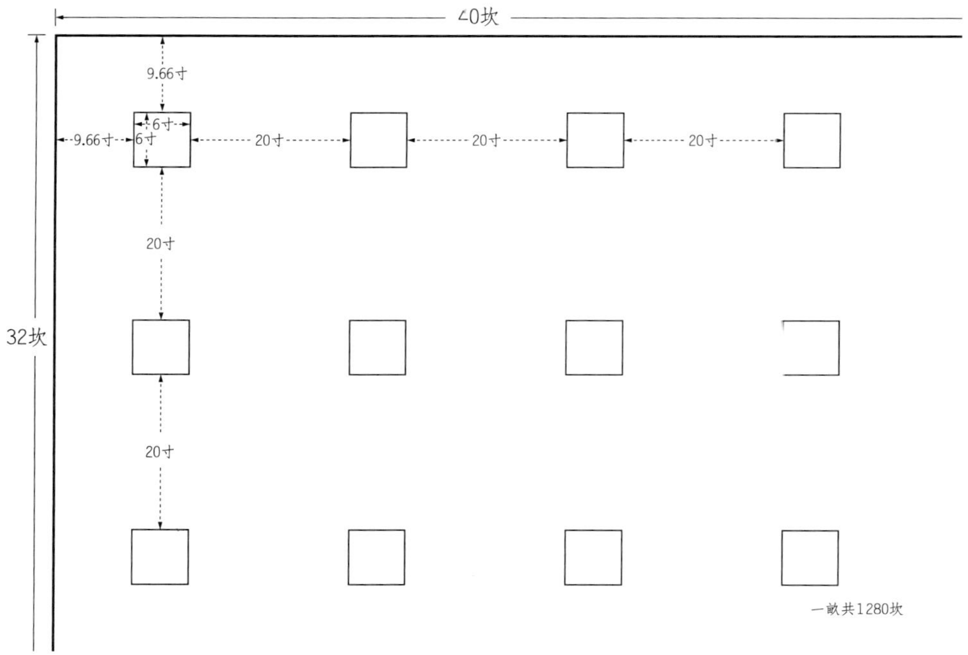

第九圖　大豆的小方形區種法佈置圖

方步的畝説的，折合成氾勝之時的二百四十方步的畝，只有四十一畝六分六厘七毫(41.667畝)。在四十多畝中，要種二十五畝大豆，超過一半以上，這一比例是很大的。不論氾氏所説的有没有誇大，大豆在古代作物中的重要性是由此可以想見的。戰國策韓策：「民之所食，大抵豆飯藿羹」（藿指豆葉），也可以幫助説明豆在當時人民食物中的重要性。

(3)大豆的粒子大，發芽時子葉又吸水膨大，兩片厚實的子葉頂着種被，穿過土層，伸出地面，比不帶種皮出土的作物有它的特殊困難。所以覆土不可太厚。氾氏的觀察與解釋是對的。

(4)大豆對光線的要求很嚴格，所以不能太密，應該有一定的株距。氾氏所説「大豆須均而稀」是合理的。

(5)豆花見日則黄爛而枯焦的説法，在今日看來，似乎没有多大意義。大豆花是緊貼着豆莖生的，四圍有葉子蔭蔽着，本來不大會受到日光的直射。但是古人有摘葉子作羹吃的習慣。葉子摘掉，豆花就暴露在日光直射之下了。以不受日光直射成性的大豆花，一旦暴露在强烈的日光之下，是可能黄爛枯萎的。大概氾氏曾經觀察到這種現象，才把這種經驗寫下來。究竟是否正確，不難用試驗證明。

一一、小豆〔一〕

小豆不保歲，難得。

椹黑時，注雨種，畝五升。豆生布葉，鋤之；生五六葉，又鋤之。

大豆小豆不可盡治①也。古所以不盡治者，豆生布葉，豆有膏②，盡治之則傷膏，傷則不成。而民盡治，故其收耗折也。故曰，豆不可盡治。

養美田，畝可十石；以薄田，尚可畝收〔二〕五石〔三〕。

【校記】

〔一〕此節輯自要術卷二小豆第七。

〔二〕各本要術都作「畝取五石」，但氾書在別處都作「畝收」，這里「取」字可能是「收」的誤寫，兹爲改正。

〔三〕御覽卷八百四十一「豆」引作：「小豆不保歲難得。宜椹黑時種，畝五升。豆生布葉，鋤之；生五六葉，又鋤之。治養美田，畝可得十石。」

【注釋】

①「盡治」指盡量地摘取豆葉子當菜吃，詳見本節討論。

②說文：「膏，肥也。」禮記内則「脂用葱，膏用薤」，鄭玄注：「脂，肥凝者，釋者曰膏。」左傳襄十九年：「小國之仰大國也，如百穀之仰膏雨焉。」史記貨殖傳：「膏壤沃野千里。」春秋元命苞：「膏者神之液。」從這些「膏」的意義看來，這裏所說「豆有膏」，可能是指莖葉中含有肥美養料的汁液，所以說損傷了膏，就要減少收穫。

【譯文】

小豆不能保證每年都適合年歲，不一定有好收成。在桑椹熟到發黑的時候，遇着大雨，下種。一畝地用五升種，豆苗展開葉子的時候，鋤地。長到五六葉的時候，再鋤地。

大豆小豆不可以盡量地摘取葉子當菜吃。從前所以不盡量摘取葉子，是因爲葉子展開後，裏面有滋養的膏液；如果盡量摘取葉子，就會損傷膏液；膏液損失了，豆子也就長不成了。但是現在人們盡量摘取葉子，因此收成減少。所以說，豆不可以盡量摘葉。

豆種在好田裏，一畝可以收到十石；種在瘠薄的田裏，一畝還可以收到五石。

【討論】

這裏所説「豆不可盡治」，究竟是什麽意思？需要詳細討論一下。「治」是治理的意思。這裏接連有五個「治」字，同指一件事，而且都加上一個「盡」字。「盡治」的是什麽呢？單就字面上看，辨别不出來。

在現存氾書原文中，除這裏五個「治」字外，還用了十二個，列舉如下：

本書第一節　不可鋤治，反爲敗田。

第二節　無令有白魚，有輒揚治之。

第三節　治種如此，則收常倍。

第四節　凡區種，不先治地。丁男長女治十畝。

第六節　覆土鋤治，皆如禾法。

第七節　大男大女治十畝。

第十節　丁夫一人，可治五畝。

第十二節　春凍解，耕治其土。

第十六節　治芋如此，其收常倍。

第十七節　治肥田十畝，荒田久不耕者尤善，好耕治之。

其中「揚治」是指治蟲説的。兩個「治十畝」和一個「治五畝」是包括區種法的一切操作説的。「治種如此」和「治芋如此」，也是包括上文所已説的一切操作説的。其餘六個（「治肥田」，「治地」，兩個「鋤治」，兩個「耕治」），都是專對土壤的耕作管理説的。和這裏所説「盡治」拉扯得上的只有最後一類，即對土地的耕治或鋤治。但是「耕治」上面再加一個「盡」字，「盡治」又是和「傷膏」有聯帶關係的，盡量耕治土地爲什麽會「傷膏」呢？

游修齡教授認爲「膏」就是根瘤。「所謂『治』就是中耕。就是説，豆科作物的中耕只宜在生長初期五六片葉子時舉行，以後如果『治』得太多，傷及根瘤，對産量反而有害」〔一〕。我想這樣解釋是不正確的。「膏」有脂肪、肥力、精液等意思，很難想像古人會用「膏」字來指根瘤。氾氏在二千年前似乎極少可能會了解根瘤對於豆科植物的作用。

游先生説：「關於根瘤的記載，我國遠在創造文字時已把根瘤的特點描寫到文字裏去。現在的豆科作物以及大豆，在我國古代名菽。『菽』字最初作『尗』，據王筠文字蒙求説：『尗，菽之古文，初生曲項，故上曲；一，地也；下其根也。……則所謂土豆也，生細根上，豐年乃堅好。』可見古代對根瘤的作用觀察是非常鋭敏的。」按説文：「尗，豆也，象尗豆生之形也。」一般的解釋是尗字的下面象根。只有王筠説：「尗之中一爲地；丨之上下通者，上爲莖，下爲根；根之左右，當作圓點，不可曳長，蓋菽生直根，左右纖細之根不足象，惟細根之上，生豆纍纍，凶年則虚浮，豐年則堅好，但不可食耳，此瑞應也，故篆文象之。然尗字上半，則反象初生之時，菽帶甲而生，其項曲，異於它穀，故象之。」〔二〕此外還有另一種解釋，饒炯説：「其云象豆生之形者，謂『尗』之造字，象尗生在萁（萁即豆莖）之形，篆當作木，上三出爲葉，下三乑爲莢，蓋尗一節三葉，節間作莢不一，兹篆葉畫實數，莢畫成數，一詳一略，其物象固如是也。」〔三〕可見王筠的解釋不過是幾種説法中的一種。一般解釋是大多數人的意見。王筠雖能自圓其説，但是現在我們没有充分理由來證明，只有王氏説對了「尗」字的造字象形的原意。而且我們很難想像在將近三千年前（詩經上已有「菽」字），我們祖先創造「尗」字的時候，已經能够像十九世紀的王氏那樣，觀察到細根上的「十豆」和豆的收成好壞有密切關係。

即使退一步説，古人早已知道根瘤的重要作用，而且承認氾書所説的「膏」就是根瘤。但是大豆小豆是有主根的，中耕應當不會接觸到主根。而且豆類的鬚根入土很深，中耕損傷一些靠近地面的細根，只能促進根系的生長，入土更深。中耕的深度是應當控制的，而且到了莖葉封閉地面時，已經不需要也不可能再進行中耕了。所以事實上也不會發生中耕太多，過多地損傷根瘤，以致減低産量。所以我們説，「治」指中耕、「膏」指根瘤的解釋是不正確的。

石聲漢教授認爲「膏」是肥的根據，即豆苗所以能自己長肥的材料根據；「治」是「摘取葉子，整理作爲蔬菜」。並且舉出氾書所説「又可種小豆於瓜中，畝四五升，其藿可賣」（見本書第十四節）爲證。我想石先生的釋解是正確的，只有這樣才能講得通，而且還可以找出更多的證據來證明這一解釋的正確。

史記太史公自序説：「糲粱之飯，藜藿之羹。」「藿」指豆葉。説文：「藿，尗之少也。」又文選阮籍詠懷詩「秋風吹飛藿」，李善注引説文作「藿，豆之葉也。」兩説雖不同，然「尗之少」指豆的嫩葉，和「豆之葉」的意義是相同的。「藜藿之羹」説明古人有採豆葉作羹湯吃的習慣。而且這習慣在古代是頗爲流行的。例如詩小雅采菽「采菽采菽」，鄭玄箋説：「菽，大豆也；采之者，采其葉以爲藿。」詩小雅小宛：「中原有菽，庶民采之。」也是採取豆葉作羹的。又如戰國策張儀説：「韓地五穀所生，非麥而豆，民之所食，大抵豆飯藿羹。」直到十八世紀程瑤田在他的九穀考大豆小豆篇裏還自注說：「聞之山西人云，秋間采豆葉，以爲禦各之菜，蓋任人采之，其主不與聞也。以小豆葉爲佳，小者先采。大豆葉社後乃許采，官有早采之禁，恐早采傷豆也。」可見採豆葉作羹的風俗是有悠久歷史的，而且如氾書所說，小豆葉還可以當作蔬菜賣；不但小豆葉可吃，大豆葉也是同樣採來作羹湯吃的。

既然豆葉可以摘取作羹湯吃，就難免採葉過甚而影響豆的生長，導致歉收。直到十八世紀還有不許早採大豆葉的禁令，以防早採傷豆；我們可以推想大概氾氏當時親眼看到盡量採葉以致歉收的現象，因此强調地提出這個問題來，糾正人們的偏差。而且根據他所說的「古所以不盡治者」，可見這個還是一個老問題，從前早就有人看到而加以防止了。

現在我們可以回頭來研究一下氾書原文了。「盡治」雖没有明白指出治的是什麽，但是氾書說「豆生布葉，豆有膏，盡治之則傷膏」，可見這個「盡治」和葉有關係，大概是治去了葉，因而傷害到因爲有葉而産生的「膏」。「治」字的用法本來很廣泛，如經營生計曰治生，整理行裝曰治任，驅除害蟲曰治蟲；又如隋書李德林傳：「授筆立成，不加治點。」劉禹錫詩：「繁霜一夜相撩治，不似佳人似老人。」陸游牡丹譜：「栽接剔治，各有其法，謂之弄花。」所以像石先生的解釋，用「治」字來指「摘取葉子，整理作爲蔬菜」，也不是不可以的。古人著書用語，往往很簡單，而且現存氾書原文，已是節删後的殘餘，可能上下文還有説明，而現在看不到了；以致「盡治」在今日不容易解釋。但是根據上面的論證，認爲「盡治」就是盡量摘取葉子當菜吃，應當是不錯的。

「傷膏」的説法，是氾氏對盡量採葉會影響豆的生長，進一步試圖作植物生理學上的解釋。氾氏在二千年前，沒有我們今日所有的植物生理學，自然不能作出比較深入的科學的解釋。但是他觀察到葉子和植物的生命有關係，盡量採葉會嚴重地減少種子的生產，因此聯想到葉子裏必然含有或産生一種東西，這種東西是結出種子所必需的；他不能確指這種東西是什麽，就籠統地把它稱做「膏」。「膏」字不但有肥美的意思，特别是像春秋元命苞所説的「膏者神之液」，還有精華所在的汁液的意義。春秋元命苞是春秋緯中的一篇。緯書盛行於西漢末至東漢，氾氏正是這一時代的人，並且深信陰陽五行，所以他很可能有「膏者神之液」這樣的理解，因而用來作爲植物體内含有滋養物質的汁液的名稱。既然膏是這樣一種東西，那末盡量採葉就必然傷膏，損傷了膏就結不成好種子，必然歉收。

〔一〕見游修齡：從齊民要術看我國古代的作物栽培，農業學報七卷一期，一九五六年二月。

〔二〕見王筠所著說文釋例。

〔三〕見饒炯所著說文解字部首訂。

一二、枲

種枲①：春凍解，耕治其土。春草生，布糞田，復耕，平摩之。〔一〕

種枲太早，則剛堅、厚皮、多節；晚則皮不堅②。寧失於早，不失於晚。穫麻之法，穗勃勃③如灰，拔之。夏至後二十日漚枲，枲和如絲。〔二〕

【校記】

〔一〕此段輯自御覽卷八百二十三「種殖」。

〔二〕此段輯自要術卷二種麻第八。首句「種枲太早」，明抄作「太早」，誤；金抄作「太早」。

【注釋】

①枲（音徙）亦名牡麻，即大麻的雄株。大麻一名火麻，一年生草本，高八九尺（植物名實圖考說：「滇黔大麻，經冬不摧，皆盈拱把。」），雌雄異株。古代稱雄者爲枲，雌者爲苴。

②這裏有兩個「堅」字。前面的是指稈子堅硬。後面的「皮不堅」，應當是指纖維不堅固。齊民要術說：「夏至前十日爲上時，至日爲中時，至後十日爲下時。」又說：「夏至後者，匪唯淺短，皮

亦輕薄。」可爲「皮不堅」解作不堅固的證明。

③「勃」有很細的粉末的意思，例如做麵食時佈施的乾粉俗稱勃。「勃」在這裏就是指花粉；但麻花也可以稱爲麻勃（見植物名實圖考）。齊民要術種麻子篇説：「既放勃，拔去雄」，和這裏所説「穗勃勃如灰，拔之」，是同樣意思。

【譯文】

種枲（供纖維用的大麻雄株）：在春天解凍時，把地耕治。春草發生後，撒上糞，再耕翻，摩平。

種枲種得太早，稈子堅硬，皮厚而安節；種得太晚，纖維不堅固。寧可錯在太早，不要錯在太晚。收穫麻的方法，花粉放出來像灰塵一樣時，就把麻稈拔下來。夏至後二十天漚麻，漚出來的麻像絲一樣的柔和。

【討論】

大麻是古代的重要纖維，所以古代絲麻並稱。上古中原的布幾乎全是用大麻織成的。後世引入棉花，又種苘麻，大麻的比較重要性降低了。

種麻的早晚確實很重要；不可太早，尤其不可太晚。齊民要術也非常强調要抓緊時間種麻，不宜晚種。但是氾書没有指出播種日期，只是説「夏至後二十日漚枲」。而齊民要術説：「夏至前十日爲上時，至日爲中時，至後十日爲下時。」若採用要術的播種日期，則夏至後二十日還不能收穫，怎麽漚麻呢？可見氾書的播種日期必然是和要術所説不同的。程瑶田在九穀考説，要術所説和「吕氏春秋所謂日至樹麻者説正同，然與余所目驗於南北方者迥不相符矣」，而氾書所説則「與余所目驗者同也」。但是崔寔四民月令所説「夏至先後各五日可種牡麻」，也是和要術相同的。要術所説似乎不會錯。

一三、麻〔一〕

種麻①，豫調和田。二月下旬，三月上旬，傍雨種之。〔二〕麻生布葉，鋤之。率九〔三〕尺一樹。樹高一尺，以蠶矢糞之，樹三升；無蠶矢，以溷中熟糞糞之亦善，樹一升。天旱，以流水澆之，樹五升；無流水，曝井水，殺其寒氣以澆之。雨澤時適，勿澆。澆不欲數。養麻如此，美田則畝五十石，及百石，薄田尚三十石。穫麻之法，霜下實成，速斫之；其樹大者，以鋸鋸之。

【校記】

〔一〕此節輯自要術卷二種麻子第九。

〔二〕御覽卷八百二十三「種殖」引作：「種麻，預軟和田。二月下旬，三月上旬，傍雨種其秕。」

〔三〕各本要術都作「率九尺一樹」，九尺太稀。石聲漢教授依據要術本文的記載「大率二尺留一根」改作「二尺」。按後魏尺大于漢尺，漢 1 尺 = 23.1 公分，後魏前尺 = 27.881 公分，中尺 = 27.974 公分，後尺 = 29.591 公分，東魏尺 = 34.668 公分。要術寫于後魏末至東魏初，若依後魏後尺計算，則要術所說 2 尺 = 2.562 漢尺。而且漢代採用的株距，有的比後魏時代的寬，例如種黍，漢代疏于後魏（見本書第六節）。所以我們不能隨便地把它們等同起來。再就氾書本身説，大豆株距一尺二寸，蘇子三尺，芝麻一尺，大麻比大豆等高大得多，似乎也不會是株距二尺。但是九尺實在太稀。不過我們現在無法證明原文是幾尺，只得暫照要術所引的九尺存疑。

【注釋】

①麻指收種子的大麻雌株。參看本書前一節注釋①。

【譯文】

種麻，要豫先把田地耕得鬆和，二月下旬，三月上旬，趁雨種下。麻苗展開葉子後，鋤地。大率株距九尺。植株長到一尺高的時候，用蠶矢來施肥，每株用三升蠶矢。如果没有蠶矢，用糞坑中腐熟的糞來施肥也是好的，每株用一升熟糞。天氣乾旱時，用流水澆，每株澆五升水；没有流水時，把井水曬過，少許減低它的寒氣後用來澆麻。雨水合時，墒夠，就不用澆。澆的次數不要太多。這樣栽培麻，好田一畝可以收五十石，多到一百石，瘠薄的田還可以收到三十石。收穫麻子的方法，下霜後，麻子成熟，快快斫下。如果植株粗大，就用鋸子鋸。

【討論】

大麻子在古代是穀類之一。詩豳風七月：「九月叔苴，采荼薪樗，以食農夫。」毛傳：「叔，拾也；苴，麻子也。」孔穎達疏：「然則叔苴，謂拾取麻實以供食也。」南齊書陳皇后傳：后生太祖蕭道成，「年二歲，乳人乏乳，后夢人以兩甌麻粥與之，覺而乳大出」。可見齊時還用作飯食。而且齊民要術也把種麻子列爲專篇。吴其濬在植物名實圖考説：「大抵古人食貴滑，麻子甘潤。……醫心鏡亦云：麻子仁粥治風水腰重等疾，研汁入粳米煮粥，下葱椒鹽豉食之。蓋麻子不以入食，始於近代。」

這裏所説種麻法很是精細合理，産量也很高。

一四、瓜〔一〕

區種瓜：一畝爲二十四科①。區方圓三尺，深五寸〔二〕。一科用一石糞，糞與土合和，令相半。以三斗瓦甕埋著科中央，令甕口上與地平。盛水甕中，令滿。種瓜甕四面各一子。以瓦蓋甕口。水或減，輒增，常令水滿。種常以冬至後九十日、百日，得戊辰日種之。又種薤十根，令周廻甕，居瓜子外。至五月瓜熟，薤可拔賣之，與瓜相避。又可種小豆於瓜中，畝四五升，其藿可賣。此法宜平地，瓜收畝萬錢。

【校記】

〔一〕此節輯自要術卷二種瓜第十四。

〔二〕區種瓠法（見本書第十五節）掘地作坑，方圓深各三尺。這裏的區方圓也是三尺，而深五寸。瓜和瓠的性狀差不多，而且種瓜的坎中央還要埋下一個能盛三斗水的瓦甕，不應只深五寸。也許是傳抄的錯誤。但是我們現在没有别的可靠依據，只得暫照要術的引文存疑。

【注釋】

① 孟子離婁下：「源泉混混，不舍晝夜，盈科而後進。」趙岐注：「言水不舍晝夜而進，盈滿科坎。」

科坎雙聲。這裏所説的「科」，就是坎的意思。

【譯文】

區種瓜的方法：一畝作成二十四坎。每坎方圓三尺（即對徑三尺），深五寸。一坎用一石糞，把糞和土各半拌和。用一個能盛三斗水的瓦甕埋在坎的中央，使甕口和地面相平。甕裏盛滿水。在甕外的四面各種一粒瓜子。用瓦蓋在甕口上。甕裏的水如果減少了，隨即加水，經常使它盛滿了水。通常在冬至後九十天到一百天，遇到戊辰日下種。又在甕的周圍，瓜子外面，種十株薤。到五月裏，瓜將要成熟的時候，可以把薤拔起來賣，和瓜避開，免得妨礙瓜。也可以在瓜田裏種小豆，每畝用四五升種子，可以把豆葉當蔬菜賣。這個方法宜用在平地：一畝瓜可以收到一萬文錢。

【討論】

這裏所説的種瓜法有下列幾個特點：(1)用區種法集中耕治、施肥、澆水和其他田間經營與管理。(2)一畝用二十四石糞，不算多，但每坎施一石糞就不算少了，特别顯出集中施肥的好處。(3)用埋在坎中央的瓦甕盛水，這瓦甕當然是没有上釉的，水不斷從甕壁向外滲漏，種在瓦甕四週的四株瓜蔓，可以不斷地得到適量水分的供給，而不致有一時過多、一時過少的弊病。而且這種在土內灌溉的方法，免掉地面流失，減少地面蒸發，節省灌溉水量，特別在氾氏所處的北方乾旱環境中最有經濟意義。用水管埋在土内灌溉，還會有水温易於偏低的弊病，而氾氏用瓦甕盛水，甕口平着地面，還有能够保持水温的優點。(4)在瓜的外面，而仍在坎的範圍以内，每坎種薤十株，又在坎與坎之間的空地上種小豆，趕着瓜蔓没有長大時，盡量利用土地來增加收益。這些都是值得重視的先進經驗。

史記蕭相國世家：「召平者，故秦東陵侯。秦破爲布衣，貧，種瓜於長安城東，美，故世俗謂之東陵瓜，從召平以爲名也。」可見漢初已經有因爲善於種瓜而著名的，必然有一套先進技術。氾勝之大約後於召平一百五十年，氾氏所説區種瓜的方法，是從這些多年積累的先進技術基礎上發展起來的。

一五、瓠〔一〕①

種瓠法，以三月耕良田十畝。作區方深一尺。以杵築之，令可居澤。相去一步。區種四實。蠶矢一斗，與土糞合。澆之，水二升；所乾處，復澆之。

著三實，以馬箠㲉〔二〕其心②，勿令蔓延；多實，實細。以藁薦其下，無令親土多瘡瘢。度可作瓢，以手摩其實，從蒂至底，去其毛，不復長，且厚。八月微霜下，收取。

掘地深一丈，薦以藁，四邊各厚一尺。以實置孔中，令底下向。瓠一行，覆上土厚三尺。二十日出，黄色好，破以爲瓢。其中白膚，以養豬致肥；其瓣，以作燭致明。

一本三實，一區十二實，一畝得二千八百八十實，十畝凡得五萬七千六百瓢。瓢直十錢，并直五十七萬六千文。用蠶矢二百石，牛耕、功力，直二萬六千文。餘有五十五萬。肥豬、明燭，利在其外。

區種瓠法，收種子須大者。若先受一斗者，得收一石；受一石者，得收十石。先掘地作坑，方圓、深各三尺。用蠶沙與土相和，令中半，著坑中，足躡令堅。以水沃之。候水盡，即下瓠子十顆；復以前糞覆之。既生，長二尺餘，便總聚十莖一處，以布纏之五寸許，復用泥泥之。不過數日，纏處便合爲一莖。留强者，餘悉掐去。引蔓結子。子外之條，亦掐去之，勿令蔓延。留子法，初生二、三子不佳，去之；取第四、五、六子〔三〕，留三子即足。旱時須澆之，坑畔周匝小渠子，深四五寸，以水停之，令其遥潤，不得坑中下水。

【校記】

〔一〕此節輯自要術卷二種瓠第十五。

〔二〕金抄要術誤作「散」。

〔三〕各本要術都作「區」字，當是「子」字的誤寫，通看上下可知，特爲改正。

【注釋】

①瓠即壺盧；其中一種，形狀像越瓜的，今稱瓠子。李時珍本草綱目説：「壺，酒器也；盧，飲器也；此物各象其形，又可爲酒飯之器，因以名之。俗作葫蘆者非矣，葫乃蒜名，蘆乃葦屬也。其圓者曰匏，亦曰瓢，因其可以浮水如泡如漂也。凡蓏屬皆得稱瓜，故曰瓠瓜、匏瓜。古人壺、瓠、匏三名，皆可通稱，初無分別。故孫緬唐韻云：『瓠音壺，又音護，瓠𤬛，瓢也。』陶隱居本草作瓠𤬛，云是瓠類也。許慎説文云：『瓠，匏也。』又云：『瓢，瓠也。匏，大腹瓠也。』陸璣詩疏

云：『壺，瓠也。』又云：『匏，瓠也。』莊子云：『有五石之瓠。』諸書所言，其字皆當與壺同音。而後世以長如越瓜，首尾如一者爲瓠，音護，瓠之一頭有腹，長柄者爲懸瓠；無柄而圓大形扁者爲匏；匏之有短柄大腹者爲壺；壺之細腰者爲蒲盧。各分名色，迥異於古。以今參詳，其形狀雖各不同，而苗葉皮子性味則一，故兹不復分條焉。懸瓠，今人所謂茶酒瓢者是也。蒲盧，今之藥壺盧是也，郭義恭廣志謂之約腹壺，以其腹有約束也；亦有大小二種。」

② 説文：「箠，擊馬也。」漢書婁敬傳「杖馬箠」，顔師古注：「箠，馬策也。」「馬箠」即馬鞭子。殸，説文：「从上擊下也，从殳青聲。」苦角切。「心」，指蔓心，即蔓的尖端。「以馬箠殸其心」，即是説，用馬鞭子打去蔓的尖端。

【譯文】

種瓠法：在三月裏耕治十畝好田。作成區，每區一尺見方，一尺深。用杵把區的底和四週築堅，使它可以保留水（即不易漏水）。區和區之間距離一步（即六尺）。每區種四粒種子。每區用一斗蠶矢，和上土糞，作爲基肥。每區澆二升水。看到乾燥的地方，再澆水。

一株蔓上結到三個果實時，就用馬鞭打掉蔓心，不讓它再向前長；因爲結得多了，果實就細小了。用稿稈墊在果實的下面，不讓果實接觸泥土，以免生瘡結瘢。估量果實大到可以作瓢了，用手在果實外面，從蒂到底整個地摩擦一遍，去掉果皮上面的毛；這樣，果實就不再長大了，而且長得厚。八月，看到微霜時，就收取回來。

掘一個一丈深的土坑，坑底和四邊鋪上一層一尺厚的稿稈。把收回來的瓠放在洞裏，使瓠底朝下。放好一層瓠，蓋上一層三尺厚的土。二十天以後，從坑裏取出來，瓠已變成黄色，好了，就可以剖開作瓢。裏面白色的肉，可以養猪，把猪養肥。瓠的種子，可以製燭照明。

一株蔓上結三個瓠，一區十二個瓢，一畝地可以收到三千二百八十個瓠。十畝地共得二萬八千八百個瓠，剖開了共得五萬七千六百個瓢。每一個瓢值十文錢，共值五十七萬六千文。用去蠶矢三百石，再加上牛力、人工，共計工本二萬六千文。净餘五十五萬文。肥猪和明燭的利益還没有計算在内。

區種瓠法：收取種子，要選擇大的果實。原來容量一斗的，區種後可以收到容一石的；原來容量一石，可以收到容十石的。先在地裏掘坑，坑的直徑三尺，深三尺。用蠶矢和泥土各半，混合拌和，放在坑裏，用脚踏堅。澆水。等候水都滲入土了，就種下十粒瓠子；再用上面所説的蠶矢和泥土混合的糞土蓋在上面。出苗後，長到二尺多長的時候，就把十條莖集合在一處，用布纏紮五寸來長，外面再用泥土塗封。過不了幾天，纏着的地方便瘉合成爲一條莖了。把上面十條莖裏最强的一條留下，其餘九條全部掐掉。讓蔓長出去結果實。没有結果實的旁枝，也都掐掉，不讓蔓徒長。留果實的方法是，最初結的三個果實是不好的，要去掉；保留第四、第五、第六個，保留三個果實就足夠了。天氣乾旱時要澆水；在坑的週圍掘一道小溝，深四五寸，在溝裏停留着水，使水從遠處滲過去；不可以在坑裏澆水。

【討論】

這裏所説種瓠法，和種瓜法一樣，也是用區種法集中耕治、施肥、澆水和其他田間管理的，因此能獲得高額豐收。在坑外四週掘小溝灌水，使水「遥潤」的方法，也是周到而合理的。

這裏最突出的是結大瓠法，其中有兩點需要特别提出來討論一下。第一點是用十株瓠嫁接成一條蔓，蔓上只留三個果實，其他果實和不結果的分枝全都掐掉，使十株根系集體滋養一條蔓上的三個果實，配合着其他合理的管理，以求結出特别大的大瓠。在二千年前就能採用這樣的嫁接法，以及所以採用這一系列技術在當時心目中的理論根據，或所抱的理想，都是值得珍視的。

十株蔓長到二尺多長以後才嫁接，毫無疑問，各株根部已經有相當的發展。嫁接後只留最强的一蔓，這一蔓此後的生長也必然特别旺盛。再加上掐掉分枝，抑止不必要的徒長，以免消耗養分，而使養分集中滋養三個果實，自然可以結出特别大的大瓠。

但是另一方面，植物的地上部和地下部有相關性，地下部生長所需的有機物質，大部分依賴地上部供給。現在地上部只留一蔓，而地下部有十株的根系，雖然地上部的一蔓生長特别旺盛，但是分枝的生長受到人爲的抑止，地上一蔓所製造的有機養料，能否充分供應地下十根的需要，很成問題。根部的生長難免受到阻礙，因而影響吸收水分和無機養料的能力，對於地上部不利。所以並不能因爲地下部有十株根系，地上一蔓就能從地下取得十倍的滋養。

總的説來，由於十株蔓長到二尺多長以後才嫁接，嫁接後保留的最强的一蔓，從地下部取得的滋養，比從一株根系所能取得的養分較多，那是没有問題的；但是因爲此後根部的生長受到限制，地上部決不可能因爲地下部有十個根系，就能取得十倍於一個生長正常的根系所能供給的滋養。究竟有效到怎樣程度，值得試驗。

第二點是掐掉最初結出的三個果實，而只保留第四、第五、第六三個果實的方法。

每蔓只留三個果實，控制得這樣嚴格，已經可以免掉「多實、實細」的弊病。掐掉最初結出的三個果實，就可以結出更大的果實，也是合於科學原理的。

瓠蔓最初開花結實時，植株還在幼齡，本身没有長足，因而結出來的果實也會受到影響，不可能長得很大。而且此時花果所消耗的養料，也正是植株繼續生長所需要的，保留這些最初的花果，會影響植株的繼續生長，使植株不能長足，因而影響到以後所生的果實。最近在棉花的試驗裏，已經發現棉鈴長大時會發生出一種抗生長素，輸送到别處去影響較幼棉鈴的生長，發生抑止或落果現象。瓜類果實是否也會發出這種抗生長素，現在還没有人作過試驗，也許有這種可能。

齊民要術種瓜篇説：「收瓜子法，常歲歲先取本母子瓜，截去兩頭，止取中央子。」賈思勰自注説：「本母子者，瓜生數葉便結子，子復早熟。用中輩瓜子者，蔓長二三尺，然後結子。用後輩子者，蔓長足，然後結子，子亦晚熟。種早子，熟速而瓜小。種晚子，熟遲而瓜大。」這一經驗也可以幫助證明上面所説的原理。瓜作蔬菜吃，早熟很重要，瓜小是没有妨害的，所以要擇取最先結出的果實。瓠作瓢當器具用，希望長得大，就必須掐去最初的一、二、三個果實，只保留第四、第五、第六個三個果實。氾書和要術所説雖不同，但是基本原理是一致的，可以互相説明。

一九五五年冬，承江蘇省農業綜合試驗站站長黄僕同志面告：他從前在家裏種西瓜，開花前瓜蔓和他的鄰人田裏的瓜蔓一樣好，但是開花後不久，鄰人的瓜蔓就突然變了樣，蔓比他的長大茂盛，結出來的西瓜又大又多又好。接連幾年都是這樣。鄰人不肯把秘訣告訴他。他就在快開花時特別留意鄰人在田裏的操作。一天清早，看見鄰人去田裏作了些什麽，一刻兒就回家了。他隨即去鄰人的田裏觀察，看見鄰人的小女兒在那裏，問她，她説，只是掐掉每一瓜蔓上的第一個雌花。他就立刻在自己的瓜田裏照樣做，果然瓜蔓也同樣地突然變了樣，接着結出來的西瓜又大又多又好。這一寶貴經驗也説明：不但第一個瓜自己長不大，而且妨礙以後結出大瓜和更多的瓜來。

從這些原理和寶貴經驗，可見氾書所説掐掉瓠蔓的第一、二、三個果實的辦法，是完全合理而有效的。

此外，如氾書所説用稿稈襯墊在果實下面，以免生瘡結瘢；用手摩擦掉果皮上面的毛，使瓠不再長大，可以控制瓠的大小合於需要，而且長得厚實；掘坑藏瓠的處理法，使能做出色澤和質量都好的瓢來；以及用瓠内白肉養猪，種子製燭，這些都是值得重視的。

氾氏很强調種瓠的利益，一畝的净收入多至五十五萬文錢，肥猪和明燭的利益還不在内。後來王禎農書並且説：「夫瓠之爲物也，纍然而生，食之無窮，最爲佳蔬，烹飪無不宜者。種如其法，則其實斗石，大之爲甕盎，小之爲瓢杓。膚瓤可以餵猪，犀瓣可以灌燭，咸無棄材。濟世之功大矣。」

一六、芋〔一〕

種芋，區方深皆三尺。取豆萁内區中，足踐之，厚尺五寸。取區上濕土與糞和之，内區中萁上，令厚尺二寸，以水澆之，足踐令保澤。取五芋子置四角及中央，足踐之。旱數澆之。萁爛。芋生子，皆長三尺。區收三石〔二〕。

又種芋法，宜擇肥緩土近水處，和柔糞之。二月注雨，可種芋，率二尺下一本。芋生根欲深。劚其旁以緩其土。旱則澆之。有草鋤之，不厭數多。治芋如此，其收常倍。

【校記】

〔一〕此節輯自要術卷二種芋第十六。

〔二〕御覽卷九百七十五「芋」引作：「區種芋法，區收三石。」

【譯文】

種芋的方法：作區，三尺見方，三尺深。把豆萁（即豆莖）放在區裏，用脚踏緊，要有一尺五寸厚。把區裏掘出來的濕土，和糞拌勻，放在區裏豆萁上，使它有一尺二寸厚。澆水，踏過，使能保存水分。把五個芋子放在區的四角和中央，踏緊。天旱時，多次澆水。豆萁腐爛。芋子發芽生長，都長到三尺長。一區可以收到三石芋。

又一種種芋法：應當選擇肥美、鬆軟而靠近水的地土，耕治鬆和，加上糞。二月，下大雨時，把芋種下地，株距二尺。芋根要能夠長得深。在根的四圍鋤土，使土疏鬆。旱的時候，澆水。有草的時候，鋤草，鋤的次數不厭多。這樣管理芋田，收成常常可以加倍。

【討論】

這裏所説種芋法是很合理的。只是豆萁在土中是否來得及腐爛而發生肥料的作用，還值得研究。種芋在春季，隔年的乾枯豆萁較難腐爛；若土中這一層經常飽和着水，更難腐爛。也許所謂「萁爛」，只是處在半腐爛狀態，吸水蓄水的能力很强。如果是這樣，一尺半厚一層的半腐爛的豆萁，在蓄水保墒方面會起重大作用，但供給養料的作用很有限。

一七、桑〔一〕

種桑法，五月取椹著水中，即以手潰〔二〕之，以水灌洗，取子陰乾。治肥田十畝，荒田久不耕者尤善，好耕治之。每畝以黍、椹子各三升合種之。黍、桑當俱生，鋤之，桑令稀疏調適。黍熟穫之。桑生正與黍高平，因以利鎌摩地刈之，曝令燥；後有風調，放火燒之，常逆風起火。桑至春生。

一畝食三箔蠶①〔三〕。

【校記】

〔一〕本節輯自要術卷五種桑柘第四十五。

〔二〕院刻、金抄及校宋本要術均作「潰」，明抄本及明以來各本作「漬」。按「漬」指水浸，上文説「取椹著水中」，已經表明浸在水中，不必再用手幫忙，才可以稱爲浸漬。潰是崩潰、潰散、潰爛的意思。「以手潰之」，指用手搓擠桑椹使破碎，肉爛而子出。所以「潰」字用得很確當，「漬」字是字形近似的誤寫。

〔三〕藝文類聚卷八十八「桑」引作：「五種桑，因取椹著水中濯洗，取子陰乾之。治肥田十畝；荒久不耕者，先好耕治之。黍、椹子各三升，合種之。黍、桑俱生，鉏之，桑令疎條適。黍熟穫之。放火燒之，當逆風起火。桑至春生。一畝食三薄蠶。」又事類賦卷二十五注引作：「種桑，五月取椹水著中濯灑，取子陰乾之。肥田十畝，荒久不畊者，善好耕治之。黍、椹子各三升三合，和種之。黍、桑俱生，鋤之，令稀疏調適。黍熟，穫之。桑生正與黍高下平，因以制鎌歷地刈之，曝令燥，放火燒之。桑至春生。一畝食三箔蠶。」

【注釋】

①頭眠前的一箔蠶，到老熟時大約要分成三十箔。這裏所説「一畝食三箔蠶」，大概是一畝桑樹長大後，可以供給頭眠前或二齡開葉時的三箔蠶一直到老的飼料。

【譯文】

種桑的方法：五月，收取成熟的桑椹，浸在水裏，用手搓擠，使桑椹破爛，在水中洗出種子，取出來陰乾。耕治十畝肥田；許久沒有耕種的荒田更加好，仔細地把地耕治好。每畝用黍和椹子各三升混合播種。黍和桑都會生出苗來，鋤地，把桑苗鋤到稀稠適當。黍熟的時候，收穫掉。這時桑苗正和黍一樣高，用鋒利的鎌刀把桑苗貼着地面割下來，曬乾，等待後來有適當的風的時候，逆着風放火燒掉。到明年春天，桑樹又從根上生長出來了。

一畝桑葉可以養三箔蠶。

【討論】這裏可注意的是：⑴桑苗是實生的，還没有用嫁接法。⑵用黍和桑混合播種，不但可以充分利用土地，多得一季農作物收穫的利益，而且可以藉此防止桑苗地裏雜草的生長，節省除草的人工。⑶把第一年桑苗割下來曬乾，就地燒掉，可能發生兩種作用：一是這樣割下苗木，就是現在所謂「截幹法」，的確可以使次年苗木的生長迅速旺盛，比不截幹的好；第二是就地燒掉苗木，可使灰入土中，增加養料，同時這種燃燒還可能有類似燻土法的功用，增加土中養料的肥效。

一八、雜項

神農之教，雖有石城湯池，帶甲百萬，而無粟者，弗能守也。夫穀帛實天下之命。衛尉①前上蠶法，今上農事，人所忽略，衛尉勤之，可謂忠國憂民之至。〔一〕

農士惰勤，其功力相什倍。〔二〕

吴王濞②開茱萸溝③，通運至海陵倉④，北有茱萸村，以村立名。故史記云：「邗溝⑤即吴王夫差所開，漕運以通上國⑥。」〔三〕

【校記】

〔一〕此段輯自類聚卷八十五「粟」。又文選卷三十六王元長永明九年策秀才文李善注引作：「神農之教，雖有石城湯池，帶甲百萬，然而無粟者則弗能守也。」路史後紀卷一注引文同，惟末句作「然而無粱則不能守也。」御覽卷八百二十二「農」引作：「衛尉前上蠶法，今上農法。民事人所忽略，衛尉懃之，可謂忠國愛民之至。」此外洪頤煊和馬國翰的氾勝之書輯佚本都説：范曄後漢書光武紀贊注引有此段第一句，但查該書注中，只説「金城湯池，不可攻矣」，而且冠以「前書曰」，没有説「氾勝之書曰」。前書也許是指班固漢書。但漢書只是在食貨志引鼂錯論貴粟疏説：「神農之教曰：有石城十仞，湯池百步，帶甲百萬，而亡粟，弗能守也。」

〔二〕此段輯自御覽卷八百二十二「農」。

〔三〕此段輯自御覽卷七十五「溝」。惟蜀刻宋本作「阮勝之曰」。鮑刻本則作「氾勝之曰」。蜀本「阮」可能是「氾」字的誤寫。

【注釋】

①漢書百官公卿表：「衛尉，秦官，掌宫門衛屯兵，有丞。景帝初，更名中大夫令；後元年，復爲衛尉，屬官有公車司馬、衛士、旅賁三令丞，衛士三丞，又諸屯衛侯司馬二十二官皆屬焉。」這裏所説的衛尉，是指某一個做衛尉的人，但不知指的是何人。

②劉濞，漢高祖劉邦兄劉仲的兒子，高祖十二年封爲吴王，王三郡五十三城。

③茱萸溝，在江蘇江都縣東北，是運河的分流，又東流入泰縣境。劉濞開此溝通運。

④海陵倉，劉濞設立的儲粟倉，在今江蘇泰縣東。

⑤邗溝，春秋時吴在邗江築城穿溝，以通江淮，因此稱做邗溝。今運河從江都西北到淮安三百七十里，即古邗溝。

⑥此句不見于司馬遷史記。這裏所説「史記云」，大概是泛指史書記載。而且此句和上文不銜接，「故史記云」的「故」字，也有問題。

【譯文】

神農的教訓是：即使有堅固的石頭城，滚湯的護城河，一百萬披着甲的兵，但是没有粟，那是守不住的。糧食和布帛實在是天下的命脈。衛尉前次已經送上養蠶法，現在又送上關於農耕的建議，人們所忽略的，衛尉殷勤地去做，可以説是極其忠於國家和關心人民了。

農夫和讀書人的勤惰，在他們做成的事功上，會産生一倍或十倍的差别。

吴王濞開鑿茱萸溝，把運道接通到海陵倉；北面有茱萸村，是用村名來題名的。所以史記説：「邗溝就是吴王夫差開鑿的，開闢運糧水道來通達到上國。」

【討論】

這幾條和以上各節氾書的内容不同，不是談論農業技術的，也許不是氾勝之十八篇的原文。不過，在農書中談論農業政策和記載有關農業的史實，也不是不可能的。

漢書藝文志農家有神農二十篇，説是戰國時代人的寫作。這書或其他類似的書中，可能有這裏所説「神農之教」這樣的言論。因此先後爲鼂錯、氾勝之（鼂錯的論貴粟疏約先於氾書一百年）等所引用。

陳旉農書校注

〔宋〕陳旉 撰
萬國鼎 校注

序

陳旉農書歷來没有受到足够的重視，流傳較少，四庫全書總目提要甚至批評它「虚論多而實事少」。其實這書篇幅雖小，倒還很有些内容，在我國古代農學上表現出不少新的發展，應當列爲我國第一流的綜合性農書之一。作者長於文字，寫得相當簡練，還往往喜歡用典，但是現在讀起來不免有點古奥難懂。通行本也間有錯字。因此，對這書進行校勘、標點、注釋，以便關心祖國農業遺産者的閲讀。此外又另寫評介一篇，希望能説明這書的内容特點，引起對這書的廣泛注意，並藉此和同志們共同討論。

萬國鼎　一九六三・六・三

中國農業遺産研究室
中國農業科學院
南京農學院

陳旉農書評介

一　陳旉事跡及其所著農書的特點

宋史没有陳旉傳，其他文獻中也看不到有關記載，現在只能從他所著農書及其序跋中得到一些關於他的事跡的梗概。

他生于北宋後期熙寧九年（一〇七六年），農書寫成于南宋初紹興十九年（一一四九年），那時他已經七十四歲，五年後又在書後作跋，享年當在八十以上。他的一生，正當王安石變法之後，新舊黨争日益劇烈，封建政治日益混亂腐朽，以至北宋潰亡，南宋開始偏安江南的戰亂時期。

他的原籍没有記載。他在自序自稱「西山隱居全真子」，又説「躬耕西山」。他在寫成農書後，以七十四歲高齡，從西山送到儀徵給洪興祖看，西山當離儀徵不遠，可能是揚州西山。書中地勢之宜篇特别重視高田，薅耘之宜篇强調自下及上的耘田法，這些都是針對邱陵地區的情况説的，可能就是他所居西山的情况。但書中其他部分所説，没有這種明顯限制。而且洪興祖後序説他「所至即種藥治圃以自給」，可見他不是一直住在西山的，他曾在别處住過。當南宋初年金兵南侵時，他也不可能在揚州西山安居。書中所説農業情況，實代表長江下游較廣泛的地區。洪興祖是江蘇丹陽人，當時任真州（即儀真郡）知州。陳旉可能是因爲洪興祖是地方長官而把農書送給他看，但也可能是事前就認識的。就陳旉的活動地區和他的社會關係來看，他大概是江蘇人。

陳旉相當博學，多年親自參加農業經營，用心觀察，直到近八十歲的高齡，因此對于農業具有很豐富的知識與實地經驗。

他在自序中説：「旉躬耕西山，心知其故，撰爲農書三卷。……是書也，非苟知之，蓋嘗允蹈之，確乎能其事，乃敢著其説以示人。孔子曰，蓋有不知而作者，我無是也。多聞擇其善者而從之，多見而識之，以言聞見雖多，必擇其善者乃從，而識其不善者也。若徒知之，雖多，曾何足用。」他明白指出，他著這書，不是單憑耳聞目睹，而是自己做過，具有實踐經驗，「確乎能其事」，才把它寫下來的。他批評葛洪論神仙，陶弘景疏本草的錯誤，並且認爲「齊民要術、四時纂要迂疏不適用」。而他的這部農書，不是「騰口空言，誇張盜名」，而是要「有補於來世」（自序中語）的。他對此很自負，要用這書教導農民，「使老於農圃而視效於斯文者……轉相讀説，勸勉而依倣之」（自跋中語)。

陳旉農書不抄書，着重在寫他自己的心得體會。即使引用古書，也是融會貫通在他自己的文章内，體例和齊民要術不同。他對齊民要術的批評未免過分(要術所説是黄河流域的農業，和陳旉所習見的不同；要術包括的範圍廣，自然不能全出自己經驗，但範圍廣自有它的用處，不能因此就説要術迂疏不適用)，但他的這部農書，在體例上確實比要術謹嚴，出自實踐的成份比要術多。實踐性可以説是陳旉農書的一個顯著特色。四庫全書總目提要批評這書「虛論多而實事少」，是不確當的。

陳旉農書的篇幅雖不大(連序跋約共一萬三十五百字)，但内容比較切實，在我國農學上表現出不少新的發展，其中比較突出的可以歸納爲下列六點：(1)第一次用專篇來系統地討論土地利用；(2)第一次明白提出兩個傑出的對於土壤看法的基本原則；(3)不但用專篇談論肥料，其他各篇中也頗有具體而細致的論述，對肥源、保肥和施用方法有不少新的創始和發展；(4)這是現存第一部專門談論南方水稻區農業技術的農書，並有專篇談論水稻的秧田育苗；(5)具有相當完整而有系統的理論體系。分別説明如下。

二　土地利用規劃

書中地勢之宜篇可以説是一篇討論土地利用規劃的專論。一開始説明土地的自然面貌和性質是多種多樣的，有高山、邱陵、高原、平原、低地、江河、湖泊等區别。地勢的高下既然不同，寒暖肥瘠也就跟着各不相同。大概高地多是寒冷的，泉水冷，土壤也冷，而且容易乾旱。下地多數是肥沃的，但是容易被水淹没。所以治理起來，各有其適宜的方法。這裏雖没有作全面的分析，但已接觸到問題的關鍵。所説地形和温度、肥瘠、水旱之間的關係，也是基本上合理的。

接着提出高田、下地、坡地、葑田、湖田五種土地的具體利用規劃。其中對於高田的利用規劃説得比較詳細。要勘察地勢，在高處來水會歸的地點，鑿爲陂塘，貯蓄春夏之交的雨水。塘要有足够的深闊，大小依據灌溉所需要的水量，大約十畝田劃出二、三畝來鑿塘蓄水。隄岸要高大。隄上種桑柘，可以繫牛。這樣做可以一舉數得：「牛得涼蔭而遂性，隄得牛踐而堅實，桑得肥水(牛糞尿)而沃美，旱得決水以灌溉，潦即不致於瀰漫而害稼。高田早稻，自種至收，不過五六月，其間旱乾不過灌溉四、五次，此可力致其常稔(可以用人力保證經常豐收)。」不但如此，而且還可以看出：這裏是利用水面較高的陂塘放水自流灌溉的，不必提水上升；大雨時有陂塘攔蓄雨水，可以避免水土流失，衝壞良田。確實是一種合理而巧妙的小型土地利用規劃。

以上是就塘和隄説的。對於耕種的田，要把田埂做得寬大，以便牛可以在上面放牧，田埂可以藉牛的踐踏，變得堅實而不漏水。田坵高下差不多的，就把它們合併爲一坵，使田坵闊大，便於牛犁的轉側。在併坵的過程中，當然需要平整地面；因爲這裏是水稻田，若是地面高低不平或稍有傾斜，灌水時就不能使全田有同樣深度的水。這樣分坵平整地面，如果在斜坡的丘陵地或山麓，就成爲梯田。

在談論五種土地的利用規劃之後，接着引周禮稻人（官名）的職掌：用陂塘之類貯蓄水，使水聚而不致流失；用隄防擋住水，使水不致泛濫；用田頭小水溝來分開水勢；用排列成行的排水溝來排去多餘的水；用大水溝來會合小溝的水使它傾瀉而去。他説：這樣的制度，很完備，哪裏還會有大水淹没田地的患害呢？這裏説到蓄水、防洪和排水，但重點在於防洪和排去多餘的水，以免淹没良田。

上面他所説到的幾種土地利用規劃，只限於南方水稻區域的部分地區，没有涉及較大規模的農田水利，顯然有其局限性，但是創始這種統籌的觀察與討論，在我國農學史上應當説是一種可貴的進步。

三　兩個傑出的對土壤看法的基本原則

陳旉農書對於土壤的看法，提出兩個傑出的基本原則。

一是土壤雖有多種，好壞不一，只要治得其宜，都能適合於栽培作物。他在糞田之宜篇說：「黑壤確實是好的，但是過於肥沃時，也許會使莊稼徒長而結子不堅實，應當用生土混和進去，就疏爽得宜了。瘠薄的土壤誠然不好，但是施肥培養，就能使禾苗茂盛而籽粒堅實。雖然土壤不一樣，要看怎樣治理，治理得宜，都可以長出好莊稼」。雖則他在這裏只是舉例説明，所説不够精細全面，甚至不一定全對，但是他所提出的基本原則是卓越的。這種基本原則，是建築在我國農民已經積累了豐富的土壤治理和改良的經驗與知識的基礎上的。它包含着堅强的可以用人力改變自然的精神。它和蘇聯傑出的土壤學家惠廉士所説的「没有不好的土壤，只有拙劣的耕作方法」的原則，幾乎是一致的。

另一個是土壤可以經常保持新壯的基本原則。他在糞田之宜篇的結尾説：「有人説，土壤敝壞了就草木不長，土壤氣衰了就生物長不好，凡是田土種了三五年，地力就疲乏了。這話是不對的，没有深入考慮過。如果能够時常加入新而肥沃的土壤，施用肥料，可使土壤更加精熟肥美，地力將會經常是新壯的。哪裏有什麽敝壞衰弱呢？」這種看法，和西方資産階級學者的「地力漸減論」恰恰相反。西方資産階級學者以爲耕種就是地力逐漸消失的開始，甚至有人著書立説，申論羅馬帝國的衰亡，就是由於地力的耗竭。我國是農業古國，從來没有這種説法，幾千年來的耕種，並没有使地力耗竭或漸減。反之，我國很早就有這種信念，用施肥和其他相應措施可使土壤肥美，能維持和提高地力。陳氏所説這種地力可使常新壯的原則，充分表達了我國傳統農業的精神。也就是説，這一原則所包含的基本思想，在我國農業生産實踐中是有它的深厚基礎的。陳氏在八百多年前就能毫不含糊地提出這種豪邁而具有重大實用意義的基本原則，説明他的觀察是很深入的。

對於不同土壤，怎樣治得其宜，怎樣維持和提高其地力，在上述陳氏所説的語句中，只提到客土法和施肥法。而且上述兩段引文所自出的糞田之宜篇，主要是談肥料和施肥的。這樣的安排，似乎説明施肥是維持和提高地力的主要方法。施肥當然極其重要。但是必須指出，前面所説的土地利用規劃，和後面將要談論的耕作技術，也是有關維持和提高地力的重要措施。

四 肥料和施肥的新發展

陳旉農書的篇幅，遠小於齊民要術（總字數約爲齊民要術的九分之一），但是陳旉農書用於肥料問題上的字數，顯然超過齊民要術。在齊民要術中，書前雜説有踏糞法，但不是賈氏原文；在要術本文中，若把引自古書的（主要是氾勝之書）除外，只有對於緑肥的强調很突出，除此以外，只是零星地偶爾提到施肥問題。但在陳旉農書中，不但寫了糞田之宜篇專論肥料，其他各篇也頗有談到肥料的，而且不是零星地提到，往往是具體而細致的敘述。把這些敘述合併起來，不論在字數或内容上，都超過糞田之宜篇。它給人以一種深刻印象，到處顯示出對於肥料的重視，對它有不少新的創始和發展。這種發展，自然不是陳旉個人的創造，而是從齊民要術到陳旉農書六百年間農民在生産實踐中得來的進步。六百年是一個相當長的時期，其間農書散失，我們現在無從逐步追踪這些發展的過程，只能就陳旉農書觀察這些發展所獲得的結果。但是，我們也不能抹殺陳氏在這方面所作的總結和提高工作的貢獻，個别地方還可以看出是出於他自己切身的經驗。

關於肥源，至少有四個新的（不見於以前古農書的）發展：(1)製造火糞。善其根苗篇三次提到火糞，但没有説明什麽是火糞，怎樣得來的。糞田之宜篇説：「凡掃除之土，燒燃之灰，簸揚之糠粃，斷稿落葉，積而焚之。」這和浙東現在燒製焦泥灰的方法相像，可能陳氏的所謂火糞，就是這樣燒製而成的。燒的時候，只可冒烟，不讓它發出火焰，燒至變爲焦黑爲止，不可燒成灰。其中有土，可能土的含量不少，因此亦稱土糞。六種之宜篇所説「燒土糞以糞之」，和種桑之法篇所説「以肥窖燒過土糞以糞之」，土糞大概就是火糞。也可能火糞含土較少，更近於焦泥灰，而土糞含土較多，更近於熏土，但二者並不能截然區分。到了王禎農書所説火糞製造法，則完全是今日的熏土。

(2)堆肥發酵。善其根苗篇説：「要種稻，必須先搞好秧田。……若用麻枯（麻子榨油的殘渣）尤其好。但麻枯不好使用，需要細細打碎，和火糞混和堆積，像做麴的樣子；等候它發熱（因發酵而生熱），生鼠毛（發霉如鼠毛狀），就攤開中間熱的放在四傍，把四傍冷的放在中間，再堆積起來；如此三四次，一直等到不發熱，才可以使用，否則就要燒殺秧苗的。」這裏明白指出發酵現象和製造堆肥的過程。

(3)糞屋積肥。糞田之宜篇指出，農家必須在房屋傍邊設置糞屋，在其中積貯火糞。屋簷要低，以免風雨進入糞屋。糞放在露天裏受着風飄雨淋，就不肥了。糞屋裏面，要鑿成深池，砌上磚壁，使不滲漏。

(4)漚池積肥。種桑之法篇説：「聚糠稿的方法，在廚棧下鑿一個深闊的池，砌上磚使不滲漏，每逢舂米，就收聚礱糠穀殼，以及腐稿敗葉，放在池中漚漬，並收聚洗碗的肥水和洗米的泔水等，漚漬日子久了，自然腐爛浮泛。每年三四次取出這樣漚製的肥料來對苧麻施肥，因而也肥桑（桑下種苧麻），使桑愈久愈茂盛，不會荒廢枯摧。一舉兩得，用力小而見功多。我常這樣做，鄰居没有不稱贊而仿效的。」善其根苗篇所説「糠糞」，就是如此積漚而成的肥料。

上述四個新的發展，貫穿着一種精神，盡量想辦法開闢肥源，多積肥料，增進肥效，而避免損失。爊土和堆肥發酵的功效，並不是簡單易知的，這種創造突出地表現出農民的智慧，在八百多年以前對於肥料知識就已達到這樣的水平。

陳旉很反對施用人糞尿。善其根苗篇説：「切勿用大糞，因爲它會使芽蘖腐爛，又損人手脚，生瘡，難於治療。只有火糞和焊豬毛以及窖爛粗穀殼最好。……如果不得已而用大糞，必須先和火糞堆積相當時期，才可以施用。往往看見有人用生小便澆灌，立刻損壞秧苗。」他主要是爲着衛生和施用不當會造成損失，同時也可能因爲他已用其他辦法積肥，又有財力可以施用麻枯，不必依賴人糞尿。但是從他的話裏，也可以看出，那時實際上人糞尿在南方已被一般農家廣泛施用。他所説人糞尿必須腐熟後施用，是正確而必要的，這在我國已是傳統的經驗，氾勝之書和齊民要術早已强調要用熟糞。

關於施用方法，有三點具有新的意義：(1)强調「用糞得理」（善其根苗篇）。並且説：「俚諺謂之糞藥，以言用糞猶用藥也」（糞田之宜篇）。其中包含肥料種類的選擇，是否適合于土壤性質，以及施用分量、施用時期、布施方法等。任善其根苗篇所説秧田施肥法，最能具體地體現出這種精神。(2)多次施用追肥。氾勝之書注重基肥和種肥。齊民要術也很少提到追肥。陳旉農書除仍重視基肥、種肥外，突出地注重施用追肥，而且不是一次施用而是分次施用。例如種大麻「間旬一糞」，種小麥「宜屢耘而屢糞」（見六種之宜篇）；種苧麻一年施肥三四次，種桑一年施肥二次，「鋤開根下糞之，謂之開根糞」（見種桑之法篇）。(3)對甲施肥而效及於乙的一舉兩得的施肥法。種桑之法篇指出，在桑園裏種苧麻，對苧麻施肥，桑樹也就獲得肥效了。桑的根深，苧麻的根淺，兩不相妨，而獲利加倍。若能勤於糞治，可以一年收割苧麻三次。每年對苧麻施肥三四次，桑樹因而也越長越茂盛。

五　南方水稻區域栽培技術的進步

我國經濟文化中心原先在黄河中下游。北方農業技術的進步遠早於南方。南方的自然環境及其相應的農業技術，和北方不同。所以儘管春秋戰國至秦漢長時期内，黄河流域的經濟文化那樣發達，南方還是地曠人稀，長期的遠遠落後於中原。經過楚、吴、越、漢和六朝一千多年間，勞動人民在南方這一廣大地區對自然作斗争，逐漸積累經驗，不斷從事農田基本建設，改變了自然面貌，到了唐代中期以後，終於使全國經濟重心移轉到南方。西漢氾勝之書和後魏齊民要術所説農業，都是屬于北方旱作區域的。唐韓鄂四時纂要中的農業技術，主要引自齊民要術，也是基本上屬於北方的。陳旉農書是我們所能看到的談論南方水稻區域栽培技術的第一部農書。

耕耨之宜篇談論整地技術，分别四種不同情况，採取不同措施：⑴早田收穫後，抓緊時間，隨手耕治施肥，種上二麥、蠶豆、豌豆或蔬菜，因而使土壤精熟肥沃，可以節省來年耕作的勞動力，而且還可以多得一季收穫。⑵晚田收穫後來不及種上二麥、豌豆之類冬作物的，等待來春殘茬腐朽後，就容易耕，可以節省牛力。⑶山川環繞、排水不良而較冷的土地（水的比熱高，土中含水較多的，到了春季轉暖時，土温不易上升），秋後需要排水深耕，使土壤在冬春凍融而蘇碎。⑷寬廣平坦的土地，冬季翻耕浸水，殘茬雜草在土中漚爛，使土壤變肥，雜草種子也爛掉。

薅耘之宜篇談論中耕除草技術以及烤田和對水的控制，指出即使沒有草也要耘田，要把稻根旁的泥土耙松，耙成近似液體的泥漿。烤田措施最先見於齊民要術，到陳旉農書才指出烤田的好處，而且和自下向上的耘田法相結合。先在高處蓄水，把最低的一坵田放水先耘，耘畢一坵，即在中間及四旁開深溝，使其速乾，乾到地面開裂，然後灌水。如此依次向上，逐坵放水耘田。這樣每坵可以從容不迫地耘得精細，保證耘田質量。如果上下各坵同時放水，水已走失，田裏乾得很快，太乾就不能耘了，因此就不免草率從事，耘得很粗糙。若再遇上多日沒有雨，又無法灌溉，那就可能造成嚴重損失。陳氏在這裏反復説明，强調必須「次第從下放上耘之，……浸灌有漸，……思患預防。」

善其根苗篇專門談論水稻的秧田育苗技術。雖則東漢崔實四民月令中已提到栽秧，但是陳旉是第一個談論秧田育苗技術的，而且在農書中寫成一個專篇，已具有頗高的水平。這一篇主要包含四部分：⑴中説培育壯秧的重要性和達到這一目的的總原則。總的原則是：「欲根苗壯好，在夫種之以時，擇地得宜，用糞得理，三者皆得，又從而勤勤顧省修治，俾無旱乾、水潦、蟲獸之害，則盡善矣。」(2)談論秧田在播種前的耕作和施肥，充分體現精耕細作和用糞得理的精神。(3)談論爛秧問題，指出由於播種太早，天氣尚冷而爛秧；秧田經過精細整地施肥才播種，爛秧後另選白田作爲秧田，就要造成雙重損失，不但浪費種子和勞力，白田不能培育壯秧，還會嚴重地影響稻的生長和收穫。(4)談論怎樣控制秧田裏的水，所説頗爲細致而合理。

六 農學體系和思想

齊民要術具有農業全書的性質，但它主要只是分别敘述各項生産技術，而没有對其中所包含的問題與原理作系統的概括。這種系統性的討論，在現存古農書中，開始出現於陳旉農書。

全書分上中下三卷。上卷可以説是土地經營與栽培總論的結合，這是全書的主體，(不但性質上是主體，在篇幅上也約占全書的三分之二)。中卷的牛説，在經營性質上仍是上卷農耕的一部分，因爲牛是當作耕種用的役畜飼養的。下卷的蠶桑，在當時農業經營中是農耕的重要配角。

再就上卷的編次説，以十二宜爲篇名，十二宜互有聯系，有一定的内容與順序，組成一個完整的有機體。

陳旉在自序中説：「旉躬耕西山，心知其故，撰爲農書三卷，區分篇目，條陳件别而論次之。」又在後序説：「故余纂述其源流，敍論其法式，詮次其先後，首尾貫穿，俾覽者有條而易見，用者有序而易循，朝夕從事，有條不紊，積日累月，功有章程，不致因循苟簡，倒置先後緩急之敍。雖甚慵惰疲怠者，且將曉然心喻志適，欲罷不能。」作者顯然有意識地追求農學體系的完整和前後貫穿。

再看各篇内容，雖不是都很充實的，個問題也可能散見於若干篇(例如肥料)，但是如天時之宜篇談論天時變化的規律及其掌握，善其根苗篇一開始就指出培育壯秧的總原則，牧養役用之宜篇概括地説明牛的飼養管理的原理，等等，都能或多或少地提出一些系統性的理論。

科學的特徵之一是具有系統性的理論，要求從許多事實中抽象出其中所包含的原理，或者從複雜的現象中概括出變化的規律來，再把這些原理或規律安排在合理的體系裏。陳旉農書開始表現出這種比較完整的系統性的討論，標誌着我國農學上一種重要的進步。

陳旉受着時代和階級的限制，也有他的落後的一面。他以爲後世不如殷周之盛。

他常引六經以爲依據，有的實在是歪曲事實或盲目稱頌。他的農業經營思想，是經營地主的思想，這一點在「財力之宜」、「居處之宜」等篇中表現得最突出。在農書其他各篇的個別地方，特別是在「陳旉自序」和「陳旉後序」裏，洋溢着作者效忠王朝和維護封建傳統的思想。在稽功之宜篇反映出他對勞動羣衆的蔑視，甚至想用統治者的高壓手段，來鞭策農民勤於耕作。祈報篇尤其無聊。牧養役用之宜篇認爲對牛不知愛護，生了病，「乃始祈禱巫祝，以幸其生」，是「愚民無知」。但是在祈報篇却說，祈禱可使牛壯健免疫，不能不說是企圖灌輸鬼神禍福思想，來愚弄人民，緩和階級鬥爭。這些都是本書的糟粕。

但是總的說來，在農書中，要求掌握自然規律的思想還是比較突出的。例如天時之宜篇說：「故農事必知天地時宜，則生之、蓄之、長之、育之、成之、熟之，無不遂矣。」節用之宜篇說：「養備動時（飲食完備，動作按時），則天不能使之病。」蠶桑敘說：「蓋法可以爲常，而幸不可以爲常也。」所謂法，就是合乎自然規律或者善於運用自然規律的方法或技術措施。這些都明顯地表示只有掌握自然規律的思想。農業技術的進步，本是勞動人民在生產實踐中，向自然作鬥争而逐漸積累起來的先進經驗。向自然作鬥争不能違反自然規律。陳氏參加農業生産，總結農業生産經驗，能在他的農書中表現出較高的農業技術與理論水平，這就必須在思想根源上具有力求掌握自然規律、向自然作鬥争的精神。

總之，陳旉農書篇幅雖小，實具有不少突出的特點，可以和氾勝之書、齊民要術、王禎農書、農政全書等並列爲我國第一流古農書之一。

陳旉自序〔一〕

古者四民，農處其一。洪範八政，食貨居其二。食謂嘉穀可食，貨謂布帛可衣，蓋以生民之本，衣食爲先，而王化之源，飽煖爲務也。

上自神農之世，斲木爲耜，揉木爲耒，耒耜之利，以教天下，而民始知有農之事。堯命羲、和，以欽授民時，東作、西成，使民知耕之勿失其時。舜命后稷，黎民阻飢，播時百穀，使民知種之各得其宜。及禹平洪水，制土田，定貢賦，使民知田有高下之不同，土有肥磽之不一，而又有宜桑宜麻之地，使民知蠶績亦各因其利。殷周之盛，書詩所稱，井田之制詳矣。

周衰，魯宣稅畝，春秋譏之。洎李悝盡地力，商君開阡陌，而井田之法失之，至於秦始而蕩然矣。

漢唐之盛，損益三代之制，而孝弟力田之舉，猶有先王之遺意焉。此載之史册，可攷而知也。

宋興，承五代之弊，循唐漢之舊，追虞周之盛，列聖相繼，惟在務農桑，足衣食，此禮義之所以起，孝弟之所以生，教化之所以成，人情之所以固也。

然士大夫每以耕桑之事爲細民之業，孔門所不學，多忽焉而不復知，或知焉而不復論，或論焉而不復實。

旉躬耕西山，心知其故，撰爲農書三卷，區分篇目，條陳件别而論次之。是書也，非苟知之，蓋嘗允蹈之，確乎能其事，乃敢著其説以示人。孔子曰，蓋有不知而作者，我無是也。多聞擇其善者而從之，多見而識之，以言聞見雖多，必擇其善者乃從，而識其不善者也。若徒知之，雖多，曾何足用。文中子曰，蓋有慕名掠美，攘善矜能，盜譽而作者，其取譏後世，寧有已乎。若葛抱朴之論神仙，陶隱居之疏本草，其謬悠之説，荒唐之論，取誚後世，不可勝紀矣。僕之所述，深以孔子不知而作爲可戒，文中子慕名而作爲可恥，與夫葛抱朴、陶隱居之述作，皆在所不取也。此蓋敘述先聖王撙節愛物之志，固非騰口空言，誇張盜名，如齊民要術、四時纂要，迂疎不適用之比也。實有補於來世云爾。

自念人微言輕，雖能爲可信可用，而不能使人必信必用也。惟藉仁人君子，能取信於人者，以利天下之心爲心，庶能推而廣之，以行於此時而利後世，少裨吾聖君賢相財成之道，輔相之宜，以左右斯民，則旉飲大和，食地德，亦少効物職之宜，不虚爲太平之幸老爾。

西山隱居全真子陳旉序。

【校注】

〔一〕陳旉在這篇序裏，先認定務農桑、足衣食，是所謂「王化之源」。他是宋代的一個經營地主，所以極力歌頌宋王朝，認爲是「列聖相繼」，農桑搞得好，這是「禮義之所以起，孝弟之所以生，教化之所以成，人情之所以固」的原因。接着便談到他寫的農書，説他寫這本書的目的是爲了「少裨吾聖君賢相財成之道，輔相之宜，以左右斯民」，「少効物職之宜」。一句話，就是要爲封建王朝効力。這明顯地反映出他的封建統治階級的立場。這些當然是錯誤的。我們今天整理出版他的農書的目的，則是因爲它是記録八百多年前我國勞動人民在農業生産上取得的許多成就的一本農學文獻，對當前仍有一定的參考價值。

農書卷上

財力之宜篇第一〔一〕

凡從事于務者，皆當量力而爲之，不可苟且，貪多務得〔二〕，以致終無成遂也。傳〔三〕曰：「少則得，多則惑。」况稼穡〔四〕在艱難之尤者，詎可不先度其財足以贍，力足以給，優游不迫，可以取必效，然後爲之。儻或財不贍，力不給，而貪多務得，未免苟簡滅裂〔五〕之患，十不得一二，幸其成功，已不可必矣。雖多其田畝，是多其患害，未見其利益也。若深思熟計，既善其始，又善其中，終必有成遂之常矣，豈徒苟徼一時之幸哉。易曰：「君子以作事謀始。」誠哉是言也。

且古者分田之制，一夫一婦，受田百畝，草萊之地稱焉〔六〕。以其地有肥磽不同，故有不易、一易、再易之别焉。不易之地，上地也，家百畝，謂可歲耕之也。一易之地，中地也，家二百畝，謂間歲耕其半，以息地氣，且裕民之力也。再易之地，下地也，家三百畝，謂歲耕百畝，三歲而一周也。先王之制如此，非獨以謂土敝則草木不長，氣衰而生物不遂也，抑欲其財力優裕，歲歲常稔，不致務廣而俱失。故皆以深耕易耨，而百穀〔七〕用成，國裕民富可待也，仰事俯育可必也。

諺有之曰：「多虚不如少實，廣種不如狹收。」豈不信然。竊嘗有以喻之：蒲且子，古之善弋者也，挽纖弱之弓，連雙鶬于青雲之際，蓋以挽弓之力有餘，然後可以巧中而必獲也。若乃力弱而弓强，則戰掉惴慄之不暇，何暇思獲。舉是以推，則農之治田，不在連阡跨陌之多，唯其財力相稱，則豐穰可期也審矣。

【校注】

〔一〕作者是從宋代一個經營地主的立場出發，提財力第一的思想的。這個論點顯然是錯誤的。

〔二〕「貪多務得」是一句成語。「務得」指竭力想獲得。韓愈進學解：「貪多務得，細大不捐。」意思是説，不論大小，全都不放棄。亦即貪多到什麽都想必得。

〔三〕「傳」指古老傳説，猶如孟子所説「於傳有之」，不是指經傳的傳（如左傳、毛傳之類）。

〔四〕「稼」指栽種，「穡」指收穫。稼穡二字合起來作爲農事的統稱。

〔五〕莊子：「昔予爲禾耕而鹵莽之，則其實亦鹵莽而報予；耘而滅裂之，其實亦滅裂而報予。」鹵莽指輕脱不小心。滅裂指耘田時粗心大意。這就是精耕細作的反面。

〔六〕周禮大司徒：「不易之地家百畝，一易之地家二百畝，再易之地家三百畝。」又遂人：「上地，夫一廛，田百畝，萊五十畝；餘夫亦如之。中地，夫一廛，田百畝，萊百畝；餘夫亦如之。下地，夫一廛，田百畝，萊二百畝；餘夫亦如之。」鄭玄注：「萊，謂休不耕者。」

〔七〕易、詩、書都説「百穀」，還没有「五穀」這一名詞。穀指糧食作物。「百穀」是各種糧食作物的總稱。

地勢之宜篇第二

夫山川原隰〔一〕，江湖藪澤〔二〕，其高下之勢既異，則寒燠肥瘠各不同。大率高地多寒，泉冽而土冷，傳所謂高山多冬，以言常風寒也，且易以旱乾。下地多肥饒，易以渰浸。故治之各有宜也。

若高田視其地勢，高水所會歸之處，量其所用而鑿爲陂塘，約十畝田即損二三畝以瀦畜水。春夏之交，雨水時至，高大其隄，深闊其中，俾寬廣足以有容。隄之上，疎植桑柘，可以繫牛。牛得涼蔭而遂性，隄得牛踐而堅實，桑得肥水而沃美，旱得決水以灌溉，潦即不致于瀰漫而害稼。高田早稻〔三〕，自種至收，不過五六月，其間旱乾不過灌溉四五次，此可力致其常稔也。又田方耕時，大爲塍壟，俾牛可牧其上，踐踏堅實而無滲漏。若其塍壟地勢，高下適等，即併合之，使田坵闊而緩，牛犁易以轉側也。其下地易以淹浸，必視其水勢衝突趨向之處，高大圩岸環遶之〔四〕。其欹斜坡陁之處，可種蔬茹麻麥粟豆，兩傍亦可種桑牧牛。牛得水草之便，用力省而功兼倍也。

若深水藪澤，則有葑田，以木縛爲田坵，浮繫水面，以葑泥附木架上而種藝之。其木架田坵，隨水高下浮泛，自不渰溺〔五〕。周禮所謂「澤草所生，種之芒種」是也〔六〕。今芒種有二義，鄭〔七〕謂有芒之種，若今黄緑穀〔八〕是也；一謂待芒種節過乃種。今人占候，夏至小滿至芒種節〔九〕，則大水已過，然後以黄緑穀種之於湖田。則是有芒之種與芒種節候二義可並用也。黄緑穀自下種以至收刈，不過六七十日，亦以避水溢之患也。

稻人掌稼下地〔一〇〕，以瀦畜水，使其聚也；以坊止水，使不溢也；以遂均水，使勢分也；以列舍水，使其去也；以澮寫水，溝之大者也。其制如此，可謂備矣。尚何水溢之患耶。

詩稱「多黍多稌」〔一一〕，以言高下咸得其宜。今雖未能盡如古制，亦可參酌依倣之也。

【校注】

〔一〕據爾雅，廣闊而平的地叫做原，較低而濕潤的地叫做隰。

〔二〕水所匯聚的地方叫做澤，如太湖亦稱震澤，鄱陽湖亦稱彭澤。大澤曰藪。

〔三〕知不足齋叢書本作「旱稻」，當是「早稻」之誤。因爲這裏説的是水田，而且從稻的生長期來看，也是早稻。

〔四〕這裏有兩種可能。一種是用隄岸擋水，使水不致衝進田内，而循着一定路綫或溝渠向下流。另一種是用圩岸環繞田，使水不能進入田内，只有在需要時打開斗門，放水入田，這就成爲圩田。

〔五〕按此和蘇軾請開杭州西湖建議書所説：「水涸草生，漸成葑田。」稍有不同。葑田不必全是深水上用木架載土而成的。

〔六〕這是牽强附會的説法。其實周禮所説，和葑田不相干。

〔七〕周禮稻人鄭玄注：「鄭司農云：澤草之所生，其地可種芒種。芒種，稻麥也。」

〔八〕王禎農書作黄穋穀，是一種生長期很短的秈稻品種。

〔九〕此句「夏至小滿至芒種節」，似乎講不通。按照節氣次序，夏至應在芒種之後。風土記説：「夏至前、芒種後雨爲黄梅雨。」這時南方暖氣團和北方冷氣團接觸的鋒面，正停留在長江流域，所以多雨。夏至以後，鋒面向北推移至淮河以北，長江流域的梅雨時節就結束。即使把「夏至」作「夏季到了」解，仍有問題，因爲芒種節後，正值梅雨季節，雨季還没有過去。

〔一〇〕周禮稻人：「掌稼下地，以瀦畜水，以防止水，以溝蕩水，以遂均水，以列舍水，以澮寫水。」

〔一一〕詩經周頌豐年：「豐年多黍多稌。」稌即稻。

耕耨之宜篇第三

夫耕耨之先後遲速，各有宜也。

早田穫刈纔畢，隨即耕治曬暴，加糞壅培，而種豆麥蔬茹，因以熟土壤而肥沃之，以省來歲功役，且其收足又以助歲計也〔一〕。

晚田宜待春乃耕，爲其藁秸柔韌，必待其朽腐，易爲牛力。

山川原隰多寒，經冬深耕，放水乾涸，雪霜凍沍，土壤蘇碎。當始春，又徧布朽薙腐草敗葉以燒治之，則土暖而苗易發作，寒泉雖冽，不能害也。若不能然，則寒泉常浸，土脉冷而苗稼薄矣。詩稱「有冽氿泉，無浸穫薪」〔二〕，「冽彼下泉，浸彼苞稂」「苞蕭」「苞蓍」〔三〕，蓋謂是也。

平陂易野〔三〕，平耕而深浸，即草不生，而水亦積肥矣。俚語有之曰：「春濁不如冬清」〔四〕，殆謂是也。將欲播種，撒石灰渥漉泥中，以去蟲螟之害。

【校注】

〔一〕詩經小雅大東：「有洌氿泉，無浸穫薪。」毛傳：「側出曰氿泉。」意思是説，寒冷的泉水，不要浸濕斫伐下來的薪柴。

〔二〕詩經曹風下泉：「洌彼下泉，浸彼苞稂。……洌彼下泉，浸彼苞蕭。……洌彼下泉，浸彼苞蓍。」毛傳：「下泉，泉下流也。苞，本也。」鄭玄箋：「稂當作涼。涼草，蕭蓍之屬。」蕭即蒿。蓍即蓍草。意思是説，向下流的寒泉，浸灌着涼草……蒿草……蓍草。這些不是要灌水的草，水浸對它們很不利。

〔三〕「易」有平的意思，見爾雅釋詁。「野」指郊外廣遠之處。「易野」當指開闊的平地。

〔四〕春季臨種時泡水，水是混濁的。冬季泡水，經過較長的時間，水就澄清。「春濁不如冬清」是指，春季灌水不如冬季灌水漚田。

天時之宜篇第四

四時八節之行，氣候有盈縮踦贏之度。五運六氣所主，陰陽消長有太過不及之差。

其道甚微，其效甚著。蓋萬物因時受氣，因氣發生；其或氣至而時未至，或時至而氣未至，則造化發生之理因之也。若仲冬而李梅實，季秋而昆蟲不蟄藏，類可見矣。天反時爲災，地反物爲妖。災妖之生，不虛其應者，氣類召之也。陰陽一有愆忒，則四序亂而不能生成萬物。寒暑一失代謝，即節候差而不能運轉一氣。

在耕稼盜天地之時利，可不知耶？

傳曰：「不先時而起，不後時而縮。」故農事必知天地時宜，則生之、蓄之、長之、育之、成之、熟之，無不遂矣。

由庚〔一〕，萬物得由其道；崇丘，萬物得極其高大；由儀，萬物之生各得其宜者。謂天地之間，物物皆順其理也。故堯命羲、和〔二〕，曆象日月星辰〔三〕，以欽授民時，俾咸知東作、南訛、西成、朔易〔四〕之候。稽之天文，則星鳥、星火、星虛、星昴〔五〕，于是乎審矣。驗之物理，則鳥獸孳尾、希革、毛毨、氄毛〔六〕亦詳矣。而厥民析、因、夷、隩〔七〕，可得而稽倣之也。大則取象乎天地，無乖升降之機。明則取法乎日星，不亂經營之度。定之以時，應之以數。此欽天勤民旨意，豈率然哉。其所以時和歲豐，良由此也。

今人雷同以建寅之月朔爲始春〔八〕，建巳之月朔爲首夏，殊不知陰陽有消長，氣候有盈縮〔九〕，冒昧以作事，其克有成耶？設或有成，亦幸而已，其可以爲常耶？

聖王之莅事物，皆設官分職以掌之，各置其官師以教導之。農師之職，其可已耶？春秋之時，法度並廢，宜凶荒荐至，乃書有年，書大有年〔一〇〕，蓋幸而書之。抑見天道有常，而人自愆忒也。詩稱「豐年穰穰」〔一一〕，「其崇如墉，其比如櫛」〔一二〕，以言其得法度時宜，故豐登有常也。

洪範九疇，彝倫攸敘，則百穀用成；彝倫攸斁，則百穀用不成〔一三〕。然則順天地時利之宜，識陰陽消長之理，則百穀之成，斯可必矣。古先哲王所以班朔明時者，匪直大一統也，將使斯民知謹時令，樂事赴功也。故農事以先知備豫爲善。

【校注】

〔一〕由庚、崇丘、由儀，是詩經小雅中的篇名，已佚。詩序說：「由庚，萬物得由其道也。崇丘，萬物得極其高大也。由儀，萬物之生各得其宜也。有其義而亡其辭。」

〔二〕羲氏、和氏，世掌天地四時之官。這一段取材於尚書堯典。堯典說：「乃命羲、和，欽若昊天，曆象日月星辰，敬授人時。分命羲仲，宅嵎夷，曰暘谷。寅賓出日，平秩東作。日中星鳥，以殷仲春。厥民析。鳥獸孳尾。申命羲叔，宅南交。平秩南訛，敬致。日永星火，以正仲夏。厥民因。鳥獸希革。分命和仲，宅西，曰昧谷。寅餞納日。平秩西成。宵中星虛，以殷仲秋。厥民夷。鳥獸毛毨。申命和叔，宅朔方，曰幽都。平在朔易。日短星昴，以正仲冬。厥民隩。鳥獸氄毛。」

〔三〕日月星辰的躔次叫做曆。星指四方中星（見下）。辰指日月交會。這裏是説，觀察天體運行的方位，分節以記天時。

〔四〕東作，尚書孔傳：「歲起於東而始就耕，謂之東作」。南訛，「訛，化也。」指「南方化育之事」。西成，「秋，西方。」指秋季萬物成。朔易，朔，北方。易指歲改易。

〔五〕孔傳：「鳥，南方朱鳥七宿。……春分之昏，鳥星畢見，以正仲春之氣節。」「火，蒼龍之中星，舉中則七星見。」「虛，玄武之中星。」「昴，白虎之中星。」總起來説就是：春分的黄昏，南方朱鳥七星並見；夏至的黄昏，東方蒼龍七星並見；秋分的黄昏，北方玄武七星並見；冬至的黄昏，西方白虎七星並見。

〔六〕孳尾，孔傳：「乳化曰孳，交接曰尾。」希革，指「夏時鳥獸毛羽希少改易」。毛毨，指「毛更生整理」。氄毛，指「鳥獸皆生耎毳細毛」。

〔七〕民析，孔傳：「言其民老壯分析。」民因，「因謂老弱，因就在田之丁壯以助農也。」民夷，「夷，平也，老壯在田，與夏平也。」民隩，「隩，室也，民改歲入此室處，以辟風寒。」

〔八〕北斗星的柄在一年之中，如時針般的旋轉一周。以十二辰分周天爲十二方位，正北爲子的方位。建寅之月，即斗柄指着寅的方位的一個月，就是農曆的正月。朔指日月交會之日，用作每一個月的第一日。

〔九〕我國舊曆（即現在所謂農曆）是一種陰陽合曆，以朔望定月，又求合於回歸年。曆法中每月的日數，只能用整數計算，而朔望月（月球繞地球一周）的實長有小數（二九點五三零五九日），因此用月大三十日，月小二十九日來調濟。十二個朔望月實長三五四點三六七二日，比回歸年（地球繞日一周）短十點八七五零日，因此用閏月來調濟，十九年而七閏。既然一年之中，有的有閏月，有的没有閏月，月份就不能確切地表示季節。這裏所謂「陰陽有消長，氣候有盈縮」，就是指這種情形説的。因此我國又規定二十四節氣來補救這一缺點。所以正確地説，應該以立春爲春季的第一天，立夏爲夏季的第一天。

〔一〇〕見春秋經。

〔一一〕詩經商頌烈祖：「豐年穰穰。」

〔一二〕詩經周頌良耜：「其崇如墉，其比如櫛。」

〔一三〕此五小句散見尚書洪範篇。「洪範九疇」，意思是大法九類。九類是：①五行，②敬用五事，③農用八政，④協用五紀，⑤建用皇極，⑥乂用三德，⑦明用稽疑，⑧念用庶徵，⑨嚮用五福，威用六極。

六種〔一〕之宜篇第五

種蒔之事，各有攸叙。能知時宜，不違先後之序，則相繼以生成，相資以利用〔二〕，種無虚日，收無虚月。一歲所資，緜緜相繼，尚何匱乏之足患，凍餒之足憂哉。

正月種麻枲。間旬〔三〕一糞。五六月可刈矣。漚剥緝績〔四〕以爲布，婦功之能事也。

二月種粟。必疎播種子，碾以轆軸，則地緊實，科本𣏌茂，穡穟長而子顆堅實。七月可濟乏絶矣。

油麻有早晚二等。三月種早麻，纔甲拆，即耘鉏，令苗稀疎。一月凡三耘鉏，則茂盛。七八月可收也。

四月種豆，耘鉏如麻。七月成熟矣。

五月中旬後種晚油麻，治如前法，九月成熟矣。不可太晚。晚則不實，畏霧露蒙幂之也。早麻白而纏莢者佳，謂之纏莢麻。晚麻名葉裹熟者最佳，謂之烏麻，油最美也。其類不一，唯此二者人多種之。凡收刈麻，必堆罨一二夕，然後卓架曬之，即再傾倒而盡矣。久罨則油暗。

五月治地，唯要深熟，於五更承露鉏之五七徧，即土壤滋潤。累加糞壅，又復鉏轉。七夕已後，種蘿蔔、菘菜，即科大而肥美也。篩細糞和種子，打壟撮放，唯疎爲妙。燒土糞以糞之，霜雪不能彫。雜以石灰，蟲不能蝕。更能以鰻鱺魚〔五〕頭骨煮汁漬種，尤善。

七月治地，屢加糞鉏轉。八月社〔六〕前即可種麥。宜屢耘而屢糞。麥經兩社，即倍收而子顆堅實。

詩曰：「十月納禾稼，黍稷穜稑，禾麻菽麥。」〔七〕無不畢有，以資歲計，尚何窮匱乏絶之患耶。

【校注】

〔一〕所謂「六種」，不知是什麽意思。氾勝之書説：「凡田有六道，麥爲首種。」六道是什麽，也没有解釋。從「麥爲首種」來看，首種指一年之中最先種在田裏的，六道可能是指栽種時期的先後説。這裏陳旉所説的六種，也許是採取氾勝之書的「六道」的意思。六種之宜篇主要是談各種作物在一年之中的栽培先後次序的，和這個意思也符合。

〔二〕「相資」有互相資助的意思。「相資以利用」可能是指前作和後作配合，交互利用的意思。

〔三〕「間旬」指每隔一旬，例如上旬施追肥，中旬不施，下旬再施，實際就是每隔二十天施肥一次。

〔四〕知不足齋叢書本作「驅别緝績」，驅别二字講不通，當是漚剥二字之誤，後見函海本，正作「漚剥緝績」，兹爲改正。大麻收割後，必須先浸在水中一個相當時期，才能剥麻。緝指接麻爲縷。績也是指擘折麻纖維接績紡爲縷。

〔五〕鰻鱺魚體長如圓筒，多黏液。簡稱鰻魚，亦名白鱓。

〔六〕「社」指社日，立春後第五個戊日爲春社，立秋後第五個戊日爲秋社。

〔七〕詩經豳風七月：「九月築場圃，十月納禾稼，黍稷重穋，禾麻菽麥。」毛傳：「後熟日重，先熟曰穋。」陳旉寫作「種稑」，即重穋的異體字。孔穎達注疏和朱熹注都認爲這裏禾是共名，不但包括黍稷重穋，還包括詩中没有列舉的稻秫苽粱等禾穀類在内，但麻菽麥不在禾之列。

居處之宜篇第六

先王居四民時，地利亦必有道矣。制農居五畝，以二畝半在鄽〔一〕，詩云「入此室處」〔二〕者是也；以二畝半在田，詩云「中田有廬」〔三〕者是也。方于耜、舉趾之時〔四〕，出居中田之廬，以便農事；俾采荼薪樗，以給農夫。治場爲圃，以種蔬茹，詩所謂「疆場有瓜」是也。又牆下植桑，以便育蠶。古人治生之理，可謂曲盡矣。至九月築圃爲場，十月而納禾稼〔五〕，則歲事畢矣。

春耕種，形足以勞動，秋收斂，亦可以休息矣。于是扶老攜幼，入此室處。以久居中田之廬，則鄽居荒而不治，于是穹窒熏鼠，塞向墐户也。

國語載管仲居四民，各有攸處，不使厖雜，欲其專業，不爲異端紛更其志也。違寒就温，去勞就逸，所以處之各得其宜，此先王愛民之政也。

今雖不能如是，要之，民居去田近，則色色利便，易以集事。俚諺有之曰：「近家無瘦地，遥田不富人。」豈不信然。

【校注】

〔一〕鄽即廛字。周禮載師鄭玄注：「廛，民居之區域也。」

〔二〕詩經豳風七月：「十月蟋蟀入我牀下，穹窒熏鼠，塞向墐户。嗟我婦子，曰爲改歲，入此室處。」

〔三〕詩經小雅信南山：「中田有廬，疆場有瓜，是剥是菹。」鄭玄箋：「中田，田中也，農人作廬焉，以便其田事。」場音亦，疆場指田界。

〔四〕詩經七月：「三之日於耜，四之日舉趾。」周正三月（即夏曆正月）修耒耜，四月（夏曆二月）用脚踏耜而耕。

〔五〕此段是雜採詩經七月（「七月食瓜，八月斷壺，九月叔苴，採荼薪樗，食我農夫。九月築場圃，十月納禾稼。」）、信南山（「疆場有瓜」），和孟子（「樹牆下以桑」）的文意寫成的。

糞田之宜篇第七

土壤氣脈，其類不一，肥沃磽埆，美惡不同，治之各有宜也。且黑壤之地信美矣，然肥沃之過，或苗茂而實不堅，當取生新之土以解利之，即疎爽得宜也〔一〕。磽埆之土信瘠惡矣，然糞壤滋培，即其苗茂盛而實堅栗也。雖土壤異宜，顧治之如何耳，治之得宜，皆可成就。

周禮草人〔二〕：「掌土化之法以物地，相其宜而爲之種」，別土之等差而用糞治。且土之騂剛者糞宜用牛，赤緹者糞宜用羊，以至渴澤用鹿，鹹潟用貆，墳壤用麋〔三〕，勃壤用狐，埴壚用豕，彊檃用蕡，輕㛹用犬，皆相視其土之性類，以所宜糞而糞之，斯得其理矣。俚諺謂之糞藥，以言用糞猶用藥也。

凡農居之側，必置糞屋，低爲簷楹，以避風雨飄浸。且糞露星月，亦不肥矣。糞屋之中，鑿爲深池，甃以磚甓，勿使滲漏。

凡掃除之土，燒燃之灰，簸揚之糠粃，斷稾落葉，積而焚之，沃以糞汁，積之既久，不覺其多。凡欲播種，篩去瓦石，取其細者，和匀種子，疎把撮之。待其苗長，又撒以壅之，何患收成不倍厚也哉？

或謂土敝則草木不長，氣衰則生物不遂，凡田土種三五年，其力已乏。斯語殆不然也，是未深思也。若能時加新沃之土壤，以糞治之，則益精熟肥美，其力當常新壯矣，抑何敝何衰之有。

【校注】

〔一〕土壤很少會嫌過於肥沃。有時可能因爲土中所含速效氮太多，以致作物徒長而不結實。這裏所説黑壤，可能是指粘質腐殖土，若用沙質新土攙和，可以改善土壤結構，促進有機質的分解。所説「疎爽得宜」，似乎是指這種現象説的。

〔二〕周禮草人：「掌土化之法以物地，相其宜而爲之種。凡糞種，騂剛用牛，赤緹用羊，墳壤用麋，渴澤用鹿，鹹潟用貆，勃壤用狐，埴壚用豕，彊檃用蕡，輕爂用犬。」鄭玄注：「土化之法，化之使美，若氾勝之術也。以物地，佔其形色。爲之種，黄白宜以種禾之屬。」又説：「凡所以糞種者，皆謂煮取汁也。……鄭司農云：用牛，以牛骨汁漬其種也，謂之糞種。」按糞種是不是煮骨汁漬種子，還是用糞便作爲肥料，頗有問題。其中蕡是大麻子，也不是什麽獸骨。陳旉對於用骨汁還是用糞便，没有説明，現在爲了敘説簡單起見，姑且把「用牛」釋作用牛糞。因爲究竟是什麽，實不值得深究，事實上分别採用這些不同獸骨或糞，實無道理，也很少可能。這裏只有一點是可取的：提出九種不同土壤，並且意識到不同土壤要用不同的施肥法。

〔三〕陳旉農書原作：「以至墳壤用麋，竭澤用鹿，鹹潟用貆」。周禮原把墳壤排在鹹潟後、勃壤前，墳壤和勃壤相接，比較合理。陳旉的改變有弊無利，諒係筆誤，茲爲改正。

薅耘之宜篇第八

詩云：「以薅荼蓼，荼蓼朽止，黍稷茂止〔一〕。」記禮者曰：季夏之月〔二〕，利以殺草，可以糞田疇，可以美土疆。今農夫不知有此，乃以其耘除之草，抛棄他處，而不知和泥渥濁，深埋之稻苗根下，漚罨既久，即草腐爛而泥土肥美，嘉穀蕃茂矣。

然除草之法，亦自有理。周官薙氏掌殺草〔三〕。於春始生而萌之。於夏日至而夷之，謂夷剗平治之，俾不茂盛也。日至謂夏時草易以長，須日日用力。於秋繩而芟之，謂芟刈去其實，無俾易種于地也。於冬日至而耜之，謂所種者已收成矣，即併根荄犁鉏轉之，俾雪霜凍沍，根荄腐朽，來歲不復生，又因得以糞土田也。春秋傳曰〔四〕，農夫之務去草也，芟夷蘊崇之，絶其本根，勿使能殖，則善者信矣，以言盡去稂莠，即可以望嘉穀茂盛也。古人留意如此，而今人忽之，其可乎？

且耘田之法，必先審度形勢，自下及上，旋乾旋耘。先于最上處收滀水，勿致水走失。然後自下旋放令乾而旋耘。不問草之有無，必徧以手排攏，務令稻根之傍，液液然而後已。所耘之田，隨于中間及四傍爲深大之溝，俾水竭涸，泥坼裂而極乾。然後作起溝缺，次第灌溉。夫已乾燥之泥，驟得雨即蘇碎，不三五日間，稻苗蔚然，殊勝於用糞也。又次第從下放上耘之，即無鹵莽滅裂之病。田乾水暖，草死土肥，浸灌有漸，即水不走失。如此思患預防，何爲而不得乎？

今見農者不先自上滀水，自下耘上，乃頓然放令乾，務令速了。及工夫不逮，恐泥乾堅，難耘攏，則必率略，未免滅裂。土未及乾，草未及死，而水已走失矣。不幸無雨，因循乾甚，欲水灌溉，已不可得，遂致旱涸焦枯，無所措手。如是失者十常八九，終不省悟，可勝歎哉。

【校注】

〔一〕詩經周頌良耜：「以薅荼蓼，荼蓼朽止，黍稷茂止。」

〔二〕禮記："「季夏之月，……是月也，土潤溽暑，大雨時行，燒薙行水，利以殺草，如以熱湯，可以糞田疇，可以美土疆。」今本陳旉農書引用此文原作「仲夏之月」，「仲」是「季」字的誤寫，兹爲改正。

〔三〕周禮秋官薙氏："「掌殺草。春始生而萌之。夏日至而夷之。秋繩而芟之。冬日至而耜之。若欲其化也，則以水火變之。掌凡草殺之政令。」

〔四〕左傳隱公六年："「周任有言曰：爲國家者，見惡如農夫之務去草焉，芟夷薀崇之，絶其本根，勿使能殖，則善者信矣。」

節用之宜篇第九

古者一年耕，必有三年之食。三年耕，必有九年之食。以三十年之通，雖有旱乾水溢，民無菜色〔一〕者，良有以也。

家宰眂年之豐凶以制國用，量入以爲出，豐年不奢，凶年不儉，祭用數之仂〔二〕，而又九賦、九貢、九式均節〔三〕，各有條敘，不相互用，此理財之道，故有常也。

國無九年之蓄曰不足，無六年之蓄曰急，無三年之蓄曰國非其國也。治家亦然。今歲計常用，與夫備倉卒非常之用，每每計置，萬一非常之事出於意外，亦素有其備，不致侵過常用，以至闕乏，亦以此也。

今之爲農者，見小近而不慮久遠，一年豐稔，沛然自足，棄本逐末，侈費妄用，以快一日之適。其間有收刈甫畢，無以餬口者，其能給終歲之用乎？衣食不給，日用既乏，其能守常心而不取非義者乎，蓋亦鮮矣。

傳曰：「收斂蓄藏，節用御欲，則天不能使之貧；養備動時，則天不能使之病。」豈不信然。又曰：「約有者困窖箱篋之藏，然而衣不敢有絲帛，行不敢有輿馬，非不欲也，幾不長慮而恐無以繼之也。」

春秋傳曰：「儉，德之共也；侈，惡之大也。」〔四〕語曰：「禮，與其奢也，寧儉。」〔五〕「奢則不孫，儉則固，與其不孫也寧固。」〔六〕易曰：「君子用過乎儉。」〔七〕聖人之訓誡如此。儉雖若固陋，然不猶愈於奢而不孫爲惡之大者耶？

然以禮制事，而用之適中，俾奢不至過泰，儉不至過陋，不爲苦節〔八〕之凶，而得甘節〔九〕之吉，是謂稱事之情而中理者也。

國語云：「儉以足用。」〔一〇〕言唯儉爲能常足用，而不至於匱乏。語云：「以約失之者鮮矣。」〔一一〕亦此之謂也。

易傳曰：「君子安不忘危，存不忘亡，治不忘亂，是以身安而國家可保也。」〔一二〕又曰：「理財正辭，禁民爲非曰義。」〔一三〕以謂理財之道，在上以率之，民有侈費妄用則嚴禁之，夫是之謂制得其宜矣。

老子曰：「能知其所不知者上也。不能知其所不知者病矣。夫惟病病，是以不病。聖人不病，以其病病，是以不病。」〔一四〕夫能如此，孰有倉卒窘迫之患哉。

【校注】

〔一〕禮記王制：「國無九年之蓄曰不足，無六年之蓄曰急，無三年之蓄曰國非其國也。三年耕必有一年之食，九年耕必有三年之食，以三十年之通，雖有凶旱水溢，民無菜色。」鄭玄注：「民無食菜之飢色。」

〔二〕禮記王制：「冢宰制國用。必於歲之杪，五穀皆入，然後制國用。用地大小，視年之豐耗。以三十年之通制國用，量入以爲出。祭用數之仂。……祭，豐年不奢，凶年不儉。」仂是數之餘。鄭玄注：「算今年一歲經用之數，用其什一。」

〔三〕周禮大宰：「以九賦斂財賄：一曰邦中之賦，二曰四郊之賦，三曰邦甸之賦，四曰家削之賦，五曰邦縣之賦，六曰邦都之賦，七曰關市之賦，八曰山澤之賦，九曰幣餘之賦。以九式均節財用：一曰祭祀之式，二曰賓客之式，三曰喪荒之式，四曰羞服之式，五曰工事之式，六曰幣帛之式，七曰芻秣之式，八曰匪頒之式，九曰好用之式。以九貢致邦國之用：一曰祀貢，二曰嬪貢，三曰器貢，四曰幣貢，五曰材貢，六曰貨貢，七曰服貢，八曰斿貢，九曰物貢。」

〔一四〕左傳莊公二十四年：「儉，德之共也；侈，惡之大也。」

〔一五〕論語八佾：「禮，與其奢也，寧儉。」

〔一六〕論語述而：「奢則不孫，儉則固，與其不孫也寧固。」

〔一七〕易小過：「君子以行過乎恭，喪過乎哀，用過乎儉。」

〔一八〕易節：「苦節不可貞。」王弼注：「爲節過苦，則物不能堪也。物不能堪，則不可復正也。」

〔一九〕易節：「九五，甘節吉。」王弼注：「當位居中，爲節之主，不失其中，不傷財，不害民之謂也。爲節而不苦，非甘而何。」

〔二〇〕國語周語中：「儉所以足用也。」函海本作「詩云，儉以足用」，按詩經魯頌駉序有「儉以足用」句，可能李調元因此加以校改。但據陳旉寫作習慣，「國語云」可能是他的原文。

〔二一〕論語里仁：「以約失之者鮮矣。」

〔二二〕易繫辭下：「是故君子安而不忘危，存而不忘亡，治而不忘亂，是以身安而國家可保也。」今本陳旉農書原作「有不忘亡」，「有」是「存」字的誤寫，茲爲改正。

〔二三〕易繫辭下：「理財正辭，禁民爲非曰義。」孔穎達疏：「言聖人治理其財，用之有節。正定號令之辭，出之以理。禁約其民爲非僻之事，勿使行惡，是謂之義。義，宜也，言以此行之而得其宜也。」

〔四〕老子：「知不知，上矣。不知知，病矣。夫惟病病，是以不病。聖人之不病也，以其不病，是以無病。」陳旉農書把第一句改爲「能知其所不知者上也」，似與原意不全符，「知不知」當是説「知而以爲還有所不知」。把第二句改爲「不能知其所不知者病矣」，更與原意不合，「不知知」當是説「不知而自以爲知」。

稽功之宜篇第十

好逸惡勞者，常人之情。偷惰苟簡者，小人之病。殊不知勤勞乃逸樂之基也。詩不云乎，「始于憂勤，終于逸樂，故美萬物盛多。」〔一〕彼小人務知小者近者，偷惰苟簡，狃于常情。上之人儻不知稽功會事，以明賞罰，則何以勸沮之哉。譬之駕馭駑蹇，鞭策不可弛廢也。

易曰：「君子以勞民勸相。」〔二〕大司徒之職曰：「以擾萬民。」〔三〕勞之，乃所以逸之；擾之，乃所以安之也。載師〔四〕：「凡宅不毛者有里布。」謂罰以一里二十五家之泉也；「凡田不耕者出屋粟」，謂空田者罰以三家之税粟也；「凡民無職事者出夫家之征」，謂雖有閒民無職事者，猶當出夫稅家稅也。閭師〔五〕：「凡無職者出夫布，凡庶民不畜者祭無牲，不耕者祭無盛，不植者無槨，不蠶者不帛，不績者不衰。」此先王之於民，困之如此，甄之又如此，夫孰爲厲己哉？凡欲振發而飭興其蠱弊，俾率作興事耳。此其所以地無遺利，土無不毛。尚豈有惰游、徇末、忘本而田萊多荒之患哉？斯民也寧復有餓莩流離困苦之患哉？

昔漢文帝下勸農之詔曰：「雕文刻鏤，傷農事也。錦繡纂組，害女工也。農事傷，則飢之本也。女工害，則寒之原也。一夫不耕，天下有受其飢者。一婦不蠶，天下有受其寒者。」〔六〕然崇本抑末之道，要在明勸沮之方而已。

況國家之于農，大則遣使，次則命官主管其事，然則在其位者，可不舉其職而任其責哉。

【校注】

〔一〕詩經小雅魚麗序：「始於憂勤，終於逸樂，故美萬物盛多，可以告於神明矣。」

〔二〕易井：「君子以勞民勸相。」王弼注：「相猶助也。」

〔三〕按周禮「大司徒之職」下面没有「以擾萬民」句，只有「以荒政十有二，聚萬民」，「以保息六，養萬民」，「以本俗六，安萬民」等。此外有「乃立地官司徒，使帥其屬而掌邦教，以佐王安擾邦國」。鄭玄注：「擾亦安也，言饒衍之。」並没有勞擾的意思。陳旉這裏所説，和周禮不符。

〔四〕周禮載師：「凡宅不毛者有里布，凡田不耕者出屋粟，凡民無職事者出夫家之征。」鄭玄注：「鄭司農云：宅不毛者，謂不樹桑麻也。里布者，布參印書，廣二寸，長二尺，以爲幣，貿易物。……玄謂宅不毛者，罰以一里二十五家之帛。空田者，罰以三家之税粟，以供吉凶二服及喪器也。民雖有閒無職事者，猶出夫税、家税也。夫税者，百畝之税。家税者，出士徒車輦，給繇役。」

〔五〕周禮閭師：「凡無職者出夫布，凡庶民不畜者祭無牲，不耕者無盛，不樹者無椁，不蠶者不帛，不績者不衰。」

〔六〕漢書景紀：後二年夏四月詔曰：「雕文刻鏤，傷農事者也。錦繡纂組，害女紅者也。農事傷，則飢之本也。女紅害，則寒之原也。夫飢寒並至而能亡爲非者寡矣。」這是景帝的詔書，陳旉引作文帝勸農詔是錯的，文句亦有改易。

器用之宜篇第十一

工欲善其事，必先利其器。器苟不利，未有能善其事者也。利而不備，亦不能濟其用也。詩曰：「逤乃錢鎛，奄觀銍艾。」〔一〕傳曰：收而場工，逤而畚梮〔二〕。時雨既至，挾其槍刈耨鎛，以旦暮從事于田野〔三〕。當是時也，器可以不備具以供其用耶？故凡可以適用者，要當先時豫備，則臨事濟用矣。苟一器不精，即一事不舉，不可不察也。

【校注】

〔一〕詩經周頌臣工：「逤乃錢鎛，奄觀銍艾。」

〔二〕國語周語中：「收而場功，逤而畚梮。」韋昭注：「收而場功，使人修囷倉也。逤，具也。畚，器名，土籠也。梮，舉土之器。具爾畚梮，將以築作也。」

〔三〕國語齊語：「時雨既至，挾其槍刈耨鎛，以旦暮從事於田野。」韋昭注：「在掖曰挾。槍，椿也。刈，鐮也。耨，鎡錤也。鎛，鉏也。」

念慮之宜篇第十二

凡事豫則立，不豫則廢〔一〕。求而無之實難，過求何害？農事尤宜念慮者也。孟子

曰：「農夫豈爲出疆捨其耒耜哉？」〔三〕

常人之情，多于閒裕之時，因循廢事。惟志好之，行安之，樂言之，念念在是，不以須臾忘廢，料理緝治，即日成一日，歲成一歲，何爲而不充足備具也。彼惑于多岐而不專一，溺于苟且而不精緻，旋得旋失，烏知積小以成大，積微以至著，在吾志之不少忘哉。若夫閒暇之時，放逸委棄，臨事之際，勉强應用，愚未知其可也。

大率常人之情，志驕于業泰，體逸于時安，有能沐浴膏澤而歌詠勤苦，則衆必指以爲汩汩不適時者也。其亦不思之甚矣。

右十有二宜，或有未曲盡事情者，今再敘論數篇于後，庶纖悉畢備，而無遺闕以乏常用云爾。

【校注】

〔一〕中庸：「凡事豫則立，不豫則廢。言前定則不跲。事前定則不困。行前定則不疚。道前定則不窮。」

〔三〕孟子滕文公下：「出疆必載質，何也？曰：士之仕也，猶農夫之耕也。農夫豈爲出疆舍其耒耜哉？」

祈報篇〔一〕

記曰，有其事必有其治，故農事有祈焉，有報焉，所以治其事也。載芟之詩，春籍田而祈社稷。良耜之詩，於秋冬所以報也。則祈報之義，凡以治其事者可知矣。

匪直此也，凡法施于民者，以勞定國者，能禦大菑者，能捍大患者，皆在所祈報也。故山川之神，則水旱癘疫之災，于是乎禜之。日月星辰，則雪霜風雨之不時，于是乎禜之。是以先王載之典禮，著之令式而秩祀焉。凡以爲民祈報也。籥章：「凡國祈年于田祖，則吹豳雅，擊土鼓，以樂田畯。」爾雅謂田畯，乃先農也。于先農有祈焉，有報焉。則神農、后稷與夫俗之流傳所謂田父田母，舉在所祈報可知矣。

大田之詩言：「去其螟螣，及其蟊賊，無害我田穉，田祖有神，秉畀炎火。有渰淒淒，興雨祁祁，雨我公田，遂及我私。」是又祈之之辭也。甫田之詩言：「以我齊明，與我犧羊，以社以方，我田既臧，農夫之慶。」是又報之之禮也。繼而曰：「琴瑟擊鼓，以御田祖，以祈甘雨，以介我稷黍，以穀我士女。」「饁彼南畝，田畯至喜。」于此又以見祈報之事也。

噫嘻之詩言：「春夏祈穀于上帝」者，春祈穀于上帝，夏大雩于上帝之樂歌也。「噫嘻成王，既昭格爾」者，嗟歎以告于上帝也。言天之所以成王之業者，莫不自於遂百穀以富其民也。于是欽授民事，而率是農夫，播厥百穀，「駿發爾私，終三十里，亦服爾耕，十千爲耦」焉。其詩嗟歎不敢後于大時，所以虔於天澤也。溥天之下，莫不如是，則歲有不豐者乎。此王者所以上能順于天，下能順于民，以成王業，故曰「明昭上帝，迄用康年」也。

若豐年之詩，言「秋冬報」者，蓋五行得性而萬物適其宜，五氣若時而百穀倍其實。故陸禾之數非一，而多者黍也；水穀之品亦非一，而多者稌也；則其他從可知矣。故「亦有高廩，萬億及秭」，于是「爲酒爲醴，烝畀祖妣，以洽百禮」，莫不腆厚，有以報其盛而薦其誠。是以神降之福，孔及于兆民焉。

大祝「掌六祝之辭，以事鬼神示，祈福祥，求永貞」〔三〕，「掌六祈以同鬼神示」，則類、造、攻、說、禬、禜，于是乎治其事矣。小祝「掌小祭祀，將事侯禳禱祠之祝號，以祈福祥，順豐年，逆時雨，寧風旱，弭災兵，遠罪疾」。舉是以言，則順時祈報禬禳之事，先王所以媚于神而和于人，皆所以與民同吉凶之患者也。凡在祀典，烏可廢耶？禳田之祝，烏可已耶？

記不云乎，昔伊耆氏之始爲蜡也，於歲之十二月合聚萬物而索饗之也。「主先嗇而祭司嗇也，祭之以百種，以報嗇也。饗農及郵表畷、禽獸，仁之至、義之盡也。古之君子，使之必報之。迎貓爲其食田鼠也，迎虎爲其食田豕也，迎而祭之也。」繼而曰：「祭坊與水庸事也。」其祝之之辭曰：「土反其宅，水歸其壑，昆蟲無作，草木歸其澤。」凡此皆祈之之辭也。

春秋有一蟲獸之爲災害，一雨暘之致愆忒，則必雩禜之而特書之，以見先王勤恤民隱，無所不用其至也。夫惟如此，此其所以萬物之生，各得其宜，各極其高大，各由其道，物無夭閼疵癘，民無札瘥災害者，莫不由神降其福以相之而然也。

今之從事於農者，類不能然。借或有一焉，則勉强苟且而已，烏能悉循用先王之典故哉。其于春秋二時之社祀，僅能舉之，至于祈報之禮，蓋蔑如也。其所以頻年水旱蟲蝗爲災害，饑饉荐臻，民卒流亡，未必不由失祈報之禮，而匱神之祀以致其然。

夫養馬一事也，于春則祭馬祖，夏祭先牧，秋祭馬社，冬祭馬步，此所以馬得其牧養而無疫癘，抑以四時祭祀祈禱而然也。

至于牛，最農事之急務，田畝賴是而後治。其牧養盍亦如馬之祈禱以祛禍祈福，則必博碩肥腯，不疾瘯蠡矣。年來耕牛疫癘殊甚，至有一鄉一里靡有孑遺者，農夫困苦，莫此爲甚。因附其説，幸覽者繹味而深察之，以祈福禳災于救弊，其庶幾焉。

【校注】

〔一〕按此篇宣傳迷信，愚弄人民，是陳旉農書中的糟粕。因此，除照録原文，加以標點外，不作注釋。

〔二〕原文作「正」，周禮本作「貞」，避宋仁宗諱改爲「正」，兹改「正」作「貞」。

善其根苗篇

凡種植，先治其根苗以善其本，本不善而末善者鮮矣。欲根苗壯好，在夫種之以時，擇地得宜，用糞得理，三者皆得，又從而勤勤顧省脩治，俾無旱乾、水潦、蟲獸之害，則盡善矣。根苗既善，徙植得宜，終必結實豐阜。若初根苗不善，方且萎顇微弱，譬孩孺胎病，氣血枯瘠，困苦不暇，雖日加拯救，僅延喘息，欲其充實，蓋亦難矣。

今夫種穀，必先脩治秧田。于秋冬即再三深耕之，俾霜雪凍冱，土壤蘇碎。又積腐稾敗葉，剗薙枯朽根荄，偏鋪燒治，即土暖且爽。於始春又再三耕耙轉，以糞壅之，若用麻枯〔一〕尤善。但麻枯難使，須細杵碎，和火糞〔二〕窖罨，如作麴様。候其發熱，生鼠毛，即攤開中間熱者置四傍，收斂四傍冷者置中間，又堆窖罨。如此三四次，直待不發熱，乃可用，不然即燒殺物矣。切勿用大糞，以其瓮腐芽蘗，又損人脚手，成瘡痍難療。唯火糞與燖豬毛〔三〕及窖爛麤穀殼最佳。亦必渥漉〔四〕田精熟了，乃下糠糞〔五〕，踏入泥中，盪平田面，乃可撒穀種。

又先看其年氣候早晚寒暖之宜，乃下種，即萬不失一。若氣候尚有寒，當且從容熟治苗田，以待其暖，則力役寬裕，無窘迫滅裂之患。得其時宜，即一月可勝兩月，長茂且無疎失。多見人纔暖便下種，不測其節候尚寒，忽爲暴寒所折，芽蘗涷爛瓮臭。其苗田已不復可下種，乃始別擇白田以爲秧地，未免忽略。如此失者十常三四，間歲如此，終不自省，乃復罪歲，誠愚癡也。

若不得已而用大糞，必先以火糞久窖罨乃可用。多見人用小便生澆灌，立見損壞。大抵秧田愛往來活水，怕冷漿死水，青苔薄附，即不長茂。又須隨撒種闊狹，更重圍繞。作塍貴闊，則約水深淺得宜。若纔撒種子，忽暴風，却急放乾水，免風浪淘蕩，聚却穀也；忽大雨，必稍增水，爲暴雨漂㳅，浮起穀根也；若晴，即淺水，從其曬暖也。然淺不可太淺，太淺即泥皮乾堅。深不可太深，太深即浸没沁心而萎黄矣。唯淺深得宜乃善。

【校注】

〔一〕麻枯，即麻子榨油後的麻餅，含有油盡而乾枯的意思。

〔二〕本篇三次提到火糞，但没有説明什麽是火糞，怎樣得來的。糞田之宜篇説：「凡掃除之土，燒燃之灰，簸揚之糠粃，斷稿落葉，積而焚之。」這和浙東現在燒製焦泥灰的方法相像，可能陳氏所謂火糞，就是這樣燒製而成的。燒的時候，只可冒烟，不讓它發出火焰，燒至變爲焦黑爲止，不可燒成灰。其中有土，可能土的含量不少，因此亦稱土糞。六種之宜篇所説「燒土糞以糞之」，和種桑之法篇所説「以肥窖燒過土糞以糞之」，土糞大概就是火糞。也有可能火糞含土較少，更近於焦泥灰，而土糞含土較多，更近於熏土，但二者並不能截然區分。到了王禎農書所説火糞製造法，則完全是今日的熏土。

〔三〕今俗稱用熱水退下豬羊毛、鷄鴨毛曰焊毛。焊豬毛指用熱水退下的豬毛。

〔四〕渥有霑染水份較多的意思。漉有自土内分出多餘的水的意思。渥漉二字合起來説，當是在水中攪和土壤的意思。

〔五〕糠糞當是指粗穀殼（即礱糠）等漚製而成的肥料，製法見種桑之法篇。

農書卷中

牛　説

或問：牛與馬適用於世，孰先孰後，孰緩孰急，孰輕孰重？是何馬之貴重如彼，而牛之輕慢如此？

荅曰：二物皆世所資賴。而馬之所直，或相倍蓰，或相什伯，或相千萬；以夫貴者乘之，三軍用之，芻秣之精，教習之適，養治之至，駕馭之良，有圉人、校人、馭夫、馭僕〔二〕專掌其事。此馬之所以貴重也。

牛之爲物，駕車之外，獨用于農夫之事耳。牧之于蒿萊之地，用之于田野之間。勤者尚或顧省之，惰者漫不加省，飢渴不之知也，寒暑不之避也，疫癘不之治也，困踣不之恤也。豈知農者天下之大本，衣食財用之所從出，非牛無以成其事耶，較其輕重、先後、緩急，宜莫大于此也。

夫欲播種而不深耕熟耰之，則食用何自而出。食用乏絶，即養生何所賴。傳曰：

「衣食足，知榮辱，倉廩實，知禮節。」〔二〕又曰：「禮義生于富足，盜竊起于貧窮。」〔三〕惟富足貧窮，禮義盜竊之由，皆農畝之所致也。馬必待富足，然後可以養治。由此推之，牛之功多于馬也審矣。

故愚著爲之説，以次農事之後。

【校注】

〔一〕圉人、校人、馭夫都是官名，見周禮夏官。馭僕可能是僕夫之誤。

〔二〕管子牧民：「倉廩實則知禮節，衣食足則知榮辱。」

〔三〕後漢書王符傳：「禮義生於富足，盜竊起於貧窮。」（潛夫論愛日篇）

牧養役用之宜篇第一

夫善牧養者，必先知愛重之心，以革慢易之意。然何術而能俾民如此哉？必也在上之人貴之重之，使民不敢輕；愛之養之，使民不敢殺，然後慢易之意不生矣。視牛之飢渴，猶己之飢渴。視牛之困苦羸瘠，猶己之困苦羸瘠。視牛之疫癘，若己之有疾也。視牛之字育，若己之有子也。若能如此，則牛必蕃盛滋多，奚患田疇之荒蕪，而衣食之不繼乎？

且四時有温涼寒暑之異，必順時調適之可也。于春之初，必盡去牢欄中積滯蓐糞。亦不必春也，但旬日一除，免穢氣蒸鬱，以成疫癘；且浸漬蹄甲，易以生病。又當祓除不祥，以净爽其處乃善。

方舊草朽腐，新草未生之初，取潔净稾草細剉之，和以麥麩、穀糠或豆，使之微濕，槽盛而飽飼之。豆仍破之可也。稾草須以時暴乾，勿使朽腐。天氣凝凛，即處之燠煖之地，煮糜粥以啖之，即壯盛矣。亦宜預收豆楮之葉，與黄落之桑，舂碎而貯積之，天寒即以米泔和剉草糠麩以飼之。

春夏草茂放牧，必恣其飽。每放必先飲水，然後與草，則不腹脹。又刈新芻，雜舊稾剉細和匀，夜餧之。至五更初，乘日未出，天氣涼而用之，即力倍于常，半日可勝一日之功。日高熱喘，便令休息，勿竭其力，以致困乏。時其飢渴，以適其性，則血氣常壯，皮毛潤澤，力有餘而老不衰矣。

其血氣與人均也，勿犯寒暑。情性與人均也，勿使太勞。此要法也。當盛寒之時，宜待日出晏温乃可用；至晚天陰氣寒，即早息之。大熱之時，須夙餧令飽健，至臨用不可極飽，飽即役力傷損也。如此愛護調養，尚何困苦羸瘠之有。所以困苦羸瘠者，以苟目前之急，而不顧恤之也。

古人卧牛衣而待旦，則牛之寒蓋有衣矣。飯牛而牛肥，則牛之瘠餒蓋啖以菽粟矣。衣以褐薦，飯以菽粟，古人豈重畜如此哉？以此爲衣食之根本故也。

彼稾秸不足以充其飢，水漿不足以禦其渴，天寒嚴凝而凍慄之，天時酷暑而曬暴之，困瘠羸劣，疫癘結瘴，以致斃踣，則出畝不治，無足怪者。

且古者分田之制，必有萊牧之地，稱田而爲等差，故養牧得宜，博碩肥腯，不疾瘯蠡也。觀宣王考牧之詩可知矣。其詩曰〔一〕：「誰謂爾無牛，九十其犉。」「爾牛來思，其耳濕濕。」〔二〕以見其牧養得宜，故字育蕃息也。「或降于阿，或飲于池，或寢或訛」。以見其水草調適而遂性也。「爾牧來斯」，「矜矜兢兢」，「揮之以肱，畢來既升」。以見其愛之重之，不驚擾之也。

後世無萊牧之地，動失其宜。又牧人類皆頑童，苟貪嬉戲，往往慮其奔逸，縶之隱蔽之地，其肯求牧于豐芻清潤，俾無飢渴之患耶，飢渴莫之顧恤，及其瘦瘠，從而役使困苦之，鞭撻趁逐，以徇一時之急。日云莫矣，氣喘汗流，其力竭矣，耕者急于就食，往往逐之水中，或放之山上。牛困得水，動輒移時，毛竅空疎，因而乏食，則瘦瘠而病矣。放之高山，筋骨疲乏，遂有顛跌僵仆之患。愚民無知，乃始祈禱巫祝，以幸其生，而不知所以然者，人事不脩，以致此也。

【校注】

〔一〕詩經小雅無羊：「誰謂爾無牛，九十其犉。……爾牛來思，其耳濕濕。或降於阿，或飲於池，或寢或訛。爾牧來思，……矜矜兢兢，……麾之以肱，畢來既升。」

〔二〕「其耳濕濕」，毛傳：「呞而動其耳濕濕然。」呞是反芻的意思。這就説，牛在反芻的時候，它的耳朵摇動着。

醫治之宜篇第二

周禮獸醫：「掌療獸病。凡療獸病，灌而行之，以發其惡，然後藥之養之。」〔一〕其來尚矣。

然牛之病不一，或病草脹；或食雜蟲，以致其毒；或爲結脹，以閉其便溺。冷熱之異，須識其端。

其用藥，與人相似也，但大爲之劑以灌之，即無不愈者。其便溺有血，是傷于熱也，以便血溺血之藥，大其劑灌之。冷結，即鼻乾而不喘，以發散藥投之。熱結，即鼻汗而喘，以解利藥投之。脹即疏通，毒即解利。若每能審理以節適，何病之足患哉？

今農家不知此説，謂之疫癘。方其病也，薰蒸相染，盡而後已。俗謂之天行，唯以巫祝禱祈爲先，至其無驗，則置之于無可柰何。又已死之肉，經過村里，其氣尚能相染也。欲病之不相染，勿令與不病者相近。能適時養治，如前所説，則無病矣。今人有病風、病勞、病脚，皆能相傳染，豈獨疫癘之氣薰蒸也哉。

傳曰：養病動時，則天不能使之病。然已病而治，猶愈于不治也。

【校注】

〔一〕周禮天官獸醫：「掌療獸病，療獸瘍。凡療獸病，灌而行之，以節之，以動其氣，觀其發而養之。凡療獸瘍，灌而劀之，以發其惡，然後藥之，養之，食之。」瘍指外科病。

農書卷下

蠶桑敘

古人種桑育蠶，莫不有法。不知其法，未有能得者，縱或得之，亦幸而已矣。蓋法可以爲常，而幸不可以爲常也。今一或幸焉，則曰是無法也。或未盡善而失之，則亦曰法不足恃也。故愚備論之，以次牛說之後。

種桑之法篇第一

種桑自本及末，分爲三段。

若欲種椹子，則擇美桑種椹，每一枚翦去兩頭。兩頭者不用，爲其子差細，以種即成雞桑、花桑，故去之。唯取中間一截，以其子堅栗特大，以種即其榦强實，其葉肥厚，故存之。所存者，先以柴灰淹揉一宿，次日以水淘去輕秕不實者，擇取堅實者，略曬乾水脈，勿令甚燥，種乃易生。預擇肥壤土，鉏而又糞，糞畢復鉏，如此三四轉，踏令小緊。平整了，乃于地面勻薄布細沙，約厚寸許。然後于沙上勻布椹子，令疎密得所。下子了，又以薄沙摻蓋其上，即疎爽而子易生，芽蘖不爲泥瓮腐，而根漸蝕下所踏實者肥壤中，則易以長茂矣。每畦闊參尺，其長稱焉。一畦只可種四行，即便于澆灌，又易採除草。畦上作棚，高三尺，棚上略薄苫草蓋却，如種薑棚樣，以防黄梅時連雨後，忽暴日曬損也。待苗長三五寸，即勤剔摘去根榦四傍樸蔌小枝葉，只存直上者榦標葉。五七日一次，以水解小便澆沃，即易長。此第一段也。

至當年八月上旬，擇陽顯滋潤肥沃之地，深鉏。以肥窖燒過土糞以糞之，則雖久雨，亦疎爽不作泥淤沮洳；久乾，亦不致堅硬磽埆也；雖甚霜雪，亦不凝凜凍沍。治溝壟町畦，須疎密得宜。然後取起所種之苗，就根頭盡削去榦，只留根，又削去對榦一條直下者命根，只留四傍根。每三根合作一株，若品字樣，繫縛著一竹筒底下。筒各長三尺，大如脚拇指，盡劚去中心節，令透徹底。一一繫縛了，然後行列，并竹筒植之，可相距二尺許一株。俾三根日久，竹筒朽腐，自然三榦合爲一榦，以三根共蔭一榦，植未逾數月，榦力專厚，易長大矣。每一竹筒口，尋常以瓦子一片蓋却，免雨水得入漬爛之也。覺久須澆灌，即揭起瓦片子，以瓶酌小便，從竹筒中下，直至根底矣；澆畢，依前以瓦片子蓋筒口。但不必如前種苗樣作棚也。又須時時摘去榦之四傍枝葉，謂之妒芽，恐分其力以害榦。此第二段也。

於次年正月上旬，乃徙植。削去大半條榦。先行列作穴，每相距二丈許，穴廣各七尺。穴中填以碎瓦石，約六七分滿。乃下肥火糞三兩擔于穴中所填者碎瓦石上。然後于穴中央植一株，下土平填緊築，免風搖動。更四畔以椀口〔一〕大木子四五條，長三尺餘，斫槧周迴牢釘，以輔助其榦。仍以棘刺絆縛遶護，免牛羊挨拶損動也。根下得瓦石，即虛疏不作泥。糞落其中，又引其根易以行。待數月，根行矣，乃于四傍，以大木斫槧周迴釘穴摇動爲十數穴，穴可深三四尺。又四圍略高作塘塍，貴得澆灌時不流走了糞，且蔭注四傍，直從穴中下至根底。即易發旺而歲久難摧也。又時時看蟲，恐蝕損。仍劚摘去細枝葉，謂之妒條。若桑圃在曠野處，即每歲於六七月閒，必鉏去其下草，免引蟲援上蝕損。至十月，又併其下腐草敗葉，鉏轉蘊積根下，謂之罨𦽰，最浮泛肥美也。至來年正月閒，斫劚去枯摧細枝，雖大條之長者，亦斫去其半，即氣浹而葉濃厚矣。大率斫桑要得漿液未行，不犯霜雪寒雨斫之，乃佳。若漿液已行而斫之，即滲溜損，最不宜也。纔斫了，便鉏開根下糞之，謂之開根糞，則是每歲兩次鉏糞耳。此第三段也。

又有一種海桑，本自低亞。若欲壓條，即于春初相視其低近根本處條，以竹木鉤鉤釘地中，上以肥潤土培之，不三兩月生根矣。次年鑿斷徙植，尤易于種椹也。

若欲接縛，即别取好桑直上生條，不用横垂生者，三四寸長，截如接果子樣接之。其葉倍好，然亦易衰，不可不知也。湖中安吉人皆能之。

彼中人唯藉蠶辦生事。十口之家，養蠶十箔。每箔得繭一十二斤。每一斤取絲一兩三分。每五兩絲織小絹一匹。每一匹絹易米一碩四㪷，絹與米價常相侔也。以此歲計衣食之給，極有凖的也。以一月之勞，賢于終歲勤動，且無旱乾水溢之苦，豈不優裕也哉。

前所謂每歲兩次糞鉏，乃桑圃之遠丁家者如此。若桑圃近家，即可作牆籬，仍更疎植桑，令畦壟差闊，其下徧栽苧。因糞苧，即桑亦獲肥益矣，是兩得之也。桑根植深，苧根植淺，竝不相妨，而利倍差。且苧有數種，唯延苧最勝，其皮薄白細軟，宜緝績，非麤澀赤硬比也。糞苧宜瓮〔二〕爛穀殼糠稾。若能勤糞治，即一歲三收，中小之家，只此一件，自可了納賦税，充足布帛也。

聚糠稾法，于廚棧下深闊鑿一池，結甃使不滲漏，每舂米即聚礱簸穀殼，及腐稾敗葉，漚漬其中，以收滌器肥水，與滲漉泔淀，漚久自然腐爛浮泛。

一歲三四次出以糞苧，因以肥桑，愈久而愈茂，寧有荒廢枯摧者。作一事而兩得，誠用力少而見功多也。僕每如此爲之，比鄰莫不歎異而胥效也。

【校注】

〔一〕「口」字，知不足齋本作「足」，兹從函海本改作「口」。

〔二〕「瓮」字，知不足齋本作「䶑」，兹從函海本改作「瓮」。

收蠶種之法篇第二

人多收蠶種于箧中，經天時雨濕熱蒸，寒燠不時，即罨損，浙人謂之蒸布，以言在卵布中已成其病，其苗出必黄，苗黄即不堪育矣。譬如嬰兒，在胎中受病，出胎便病，難以治也。

凡收蠶種之法，以竹架疎疎垂之，勿見風日。又擘緜幂之，勿使飛蝶綿蟲食之。待臘日〔一〕，或臘月大雪，即鋪蠶種於雪中，令雪壓一日，乃復攤之架上，幂之如初。至春，候其欲生未生之閒，細研朱砂，調温水浴之，水不可冷，亦不可熱，但如人體斯可矣，以辟其不祥也。

次治明密之室，不可漏風，以糠火温之，如春三月。然後置種其中，以無灰白紙藉之，斯出齊矣。

先未出時，秤種寫記輕重于紙背。及已出齊，慎勿掃。多見人纔見蠶出，便即以篝刷或以雞鵝翎掃之。夫以微渺如絲髮之弱，其能禁篝刷之傷哉。必細切葉，别布白紙上，務令匀薄，却以出苗和紙覆其上，蠶喜葉香，自然下矣。却再秤元種紙，見所下多少，約計自有葉看養，寧葉多而蠶少，即優裕而無窘迫之患乃善。今人多不先計料，至闕葉則典質貿鬻之無所不至，苦于蠶受飢餒，雖費資産，不敢恪也。縱或得之，已不償所費，且狼籍損壞，枉損物命多矣。一或不得，遂失所望，可不戒哉？

又有一種原蠶，謂之兩生，言放子後隨即再出也，切不可育。既損壞葉條，且狼籍作踐，其絲且不耐衣著，所損多而爲利少，育之何益也。

【校注】

〔一〕荆楚歲時記：「十二月八日爲臘日。」

育蠶之法篇第三

凡育蠶之法，須自摘種。若買種，鮮有得者。何哉！

夫蠶蛾有隔一二日出者，有隔三五日山者，蛾出不齊，則放子先後亦不齊矣。

其收種者，取參差未齊之時，别紙摘之；及正中間放子齊時，又別作一紙摘之；及末後放子稍遲，又別作一紙摘之。凡蠶與人，皆首尾前後不齊者，而中閒齊者，留以自用。

始摘不齊，則苗出不齊，蠶之眠起遂分數等，有正眠者，有起而欲食者，有未眠者。放食不齊，此所以得失相半也。

若自摘種，必擇繭之早晚齊者，則蛾出亦齊矣。蛾出既齊，則摘子亦齊矣。摘子既齊，則出苗亦齊矣。出苗既齊，勤勤疎撥，則食葉勻矣。食葉既勻，則再眠起等矣。

三眠之後，晝三與食。葉必薄而使食盡，非唯省葉，且不罨損。蠶將飽，必勤視去糞薙。此育蠶之法也。

用火採桑之法篇第四

蠶，火類也，宜用火以養之。而用火之法，須别作一小鑪，令可擡舁出入。蠶既鋪葉餵矣，待其循葉而上，乃始進火。火須在外燒令熟，以穀灰蓋之，即不暴烈生焰。纔食了，即退火。

鋪葉然後進火，每每如此，則蠶無傷火之患。若蠶飢而進火，即傷火。若纔鋪葉，蠶猶在葉下，未能循援葉上而進火，即下爲糞薙所蒸，上爲葉蔽，遂有熱蒸之患。

又須勤去沙薙。最怕南風。若天氣鬱蒸，即略以火温解之，以去其濕蒸之氣，略疏通窗户以快爽之。沙薙必遠放，爲其蒸熱作氣也。

最怕濕熱及冷風。傷濕即黄肥，傷風即節高，沙蒸即脚腫，傷冷即亮頭而白蜇，傷火即焦尾。又傷風亦黄肥，傷冷風即黑白紅僵。能避此數患乃善。

又須先治葉室，必深密凉燥而不蒸濕，下作架高五六寸，上鋪新簟，然後置葉其上，勿使通風。通風即葉易乾槁。常收三日葉，以備雨濕，則蠶常不食濕葉，且不失飢矣。外採葉歸，必疎爽于葉室中，以待其熱氣退，乃可與食。若便與食，則上爲葉熱，下爲沙濕，蠶居其中遂成葉蒸矣。蒸而黄，雖救之亦失半。

簇箔藏繭之法篇第五

簇箔宜以杉木解枋，長六尺，闊三尺，以箭竹作馬眼槅，插茅，疎密得中，復以無葉竹篠，縱横搭之。又簇背鋪以蘆箔，而以篾透背面縛之。即蠶可駐足，無跌墜之患，且其中深穩稠密。

旋放蠶其上，初略欹斜，以竢其糞盡。微以熟灰火温之，待入網，漸漸加火，不宜中輟，稍冷即游絲亦止，繰之即斷絶，多者爛作絮，不能一緒抽盡矣。

纔拆下箔，即急剥去繭衣，免致蒸壞。如多，即以鹽藏之，蛾乃不出，且絲柔韌潤澤也。

藏繭之法，先曬令燥；埋大甕地上，甕中先鋪竹簀，次以大桐葉覆之，乃鋪繭一重，以十斤爲率，摻鹽二兩；上又以桐葉平鋪，如此重重隔之，以至滿甕；然後密蓋，以泥封之。

七日之後，出而澡之，頻頻換水，即絲明快，隨以火焙乾，即不黯斁而色鮮潔也。

陳旉後序〔一〕

致治之要，在夫民由常道。欲民由常道，必先使之有常心。欲使民有常心，必先制之有常産。有常産，則家給人足，養備動時，斯乃能有常心矣。有常心，則父父、子子、兄兄、弟弟、夫夫、婦婦，上下輯睦，斯乃能行常道矣。

苟無常産，則衣食不給，飢寒交迫，父母兄弟妻子離散，而禮義不率，其能守常心耶？因無常心，則放僻邪侈，無所不爲，尚何常道之能行耶？

是故聖王以服田力穡、勤勞農桑爲急先務。其所以著爲法式，布在方策，教之委曲纖悉，施用于始中終，無所不用其至而誠盡者，誠以崇本之術，莫大乎是也。

傳不云乎，「民之大事在農，上帝之粢盛于是乎出，民之蕃庶于是乎生，事之供給于是乎在，和協輯睦于是乎興，財用蕃殖于是乎始，厚厖〔二〕純固于是乎成。」則民爲邦本，本固邦寧之道廣，至治之要，其有不在兹乎？

雖然，農事備載方册，聖人或因時以設教，因事而爲辭，其文散在六籍子史，廣大浩博，未易倫類而究覽也。賢士大夫固常熟復之矣，宜不待申明然後知。乃若農夫野叟，不能盡皆周知，則臨事不能無錯失。

故余纂述其源流，敘論其法式，詮次其先後，首尾貫穿，俾覽者有條而易見，用者有序而易循，朝夕從事，有條不紊，積日累月，功有章程，不致因循苟簡，倒置先後緩急之敘，雖甚慵惰疲怠者，且將曉然心喻志適，欲罷不能。知夫聖王務農重穀，勤勤在此，于是見善明而用心剛，即志好之，行安之，父教子習，知世守而愈勵，不爲異端紛更其心，亦管子分四民，羣萃而州處之意也。

【校注】

〔一〕陳旉的這篇後序發抒了我國封建統治時期一般重農思想家和政治家的一條根本思想：服田力穡，勤勞農桑，乃是「崇本之術」。他在這裏再一次表明他寫農書的用意是要使「民由常道，有常心」，嚴格遵守君君臣臣父父子子的封建秩序。他認定要作到這點，就得使人民「務農重穀」，「不爲異端紛更其心」，永遠甘受封建統治者、地主階級的剥削和壓迫。

〔二〕國語本作敦厖，避光宗嫌名改。

洪興祖後序

西山陳居士，於六經諸子百家之書，釋老氏黃帝神農氏之學，貫穿出入，往往成誦，如見其人，如指諸掌。下至術數小道，亦精其能，其尤精者易也。

平生讀書，不求仕進，所至即種藥治圃以自給。

紹興己巳，自西山來訪予于儀真，時年七十四，出所著農書三卷。曰，此吾閒中事業，不足拈出，然使沮溺耦耕之徒見之，必有忻然相契處。樊遲請學稼，子曰：「吾不如老農。」先聖之言，吾志也。樊遲之學，吾事也。是或一道也。

僕喜其言，取其書讀之三復。曰：「如居士者，可謂士矣。」

因以儀真勸農文附其後，俾屬邑刻而傳之。丹陽洪興祖序。

陳旉跋

此書成于紹興十九年。真州雖曾刊行，而當時傳者失真，首尾顛錯，意義不貫者甚多。又爲或人不曉旨趣，妄自删改，徒事絺章繪句，而理致乖越。是書也，將以曉農事之大，使人人心喻志解。今乃反惑其説，使老于農圃而視效于斯文者，方且嗤鄙不暇，其肯轉相讀説，勸勉而依倣之耶？僕誠憂之。故取家藏副本，繕寫成帙，以待當世君子，採取以獻于上，然後鍥版流布，必使天下之民，咸究其利，則區區之志願畢矣。後五年甲戌元日如是菴全真子題。

汪綱跋

高沙素號沃壤，中更兵火，土曠人稀，東作西成，既不盡力，而蠶桑之務，亦不加意。雖廣種薄收，然每遇豐歲，長淮所賴以儲蓄者，猶糴于此以取足焉。如使種藝有其方，耕穫得其便，地利既已無遺，而又知所謂育蠶之事，則衣食充足，公私兼裕，寧有盡藏耶。余曩得農書一帙，凡耕桑種植之法，纖悉無遺。揭來守此，視事之初，急鋟諸木，以爲邦人勸爾。父兄子弟，其相與勉之。是郡守拳拳之意也。甲戌冬至日，新安汪綱書。

編輯後記〔一〕

本書是根據萬國鼎先生的遺稿陳旉農書校釋編成的。原稿除對陳旉原著進行校勘、標點和注釋外，還作了逐字逐句的語譯。這次刊行，我們删去了譯文部分。另外，我們還對他寫的陳旉農書評價一文作了部分删節；對個别詞句作了修改；并在陳旉的自序、財力之宜篇和後序等處加了注。

〔一〕編者注：本篇編輯後記係一九六五年農業出版社版後記。該後記中介紹了陳旉農書校注成書的若干情況，對讀者閲讀本書有一定幫助，現予以保留。